Kemper
Gerätekunde Hilfeleistungsgerät

– 2. Auflage 2017 –

Fachwissen Feuerwehr

FACHWISSEN FEUERWEHR

Kemper

GERÄTEKUNDE HILFELEISTUNGSGERÄT

2. Auflage 2017

Bibliografische Informationen der deutschen Nationalbibliothek

Die Deutsche Nationalbibliothek verzeichnet diese Publikation in der
Deutschen Nationalbibliografie; detaillierte bibliografische Daten sind im
Internet über http://www.dnb.de abrufbar.

Bei der Herstellung des Werkes haben wir uns zukunftsbewusst für umweltverträgliche
und wiederverwertbare Materialien entschieden.
Der Inhalt ist auf chlorfrei gebleichtes Papier gedruckt.

Nachweis der Titelbilder auf Unschlagseite 1:
oben links: LUKAS Hydraulik GmbH
oben rechts: © STIHL
unten links: Makita Engineering Germany GmbH
unten rechts: Metallwarenfabrik Gemmingen GmbH

ISBN 978-3-609-69808-3

E-Mail: kundenservice@ecomed-storck.de

Telefon: 089/2183-7922
Telefax: 089/2183-7620

© 2017 ecomed SICHERHEIT, ecomed-Storck GmbH,
Landsberg am Lech

www.ecomed-storck.de

Satz: Fotosatz Pfeifer, 82152 Krailling
Druck: Kessler Druck + Medien, 86399 Bobingen

Vorwort

Die Anforderungen an die Angehörigen der Feuerwehren haben sich im Laufe der letzten Jahre erheblich verändert. Genügten früher die Kenntnisse der normalen Brandbekämpfung, müssen heute selbst kleinere Feuerwehren die unterschiedlichsten Notlagen meistern können, um in Not geratene Menschen oder Tiere zu retten, Sachwerte zu erhalten und die Umwelt vor schädlichen Einwirkungen zu bewahren. In zunehmendem Maße werden die Feuerwehren im Bereich der technischen Hilfe eingesetzt, zum Beispiel bei Verkehrsunfällen, Arbeitsunfällen oder Unfällen in baulichen Anlagen.

Dies ist aber nur möglich, wenn für die Feuerwehrangehörigen eine umfassende und wirksame Aus- und Weiterbildung durchgeführt wird. Diese Forderung steht jedoch dem Problem gegenüber, dass diese Aus- und Weiterbildung von den meist nebenberuflich tätigen Angehörigen der Feuerwehren zusätzlich zu den immer weiter steigenden Anforderungen in deren Berufsleben und den vielfältigen Verpflichtungen im privaten oder familiären Bereich geleistet werden muss. Letztlich liegt es an jedem Feuerwehrangehörigen selbst, ob und in welchem Umfang er bereit ist, sich durch eine regelmäßige und aktive Teilnahme an der angebotenen Aus- und Weiterbildung den gesteigerten Anforderungen der Feuerwehr zu stellen.

Das Ziel der Broschürenreihe „Fachwissen Feuerwehr" besteht darin, die Feuerwehrangehörigen mit dem Wissen auszustatten, das erforderlich ist, um aufgabengerecht und wirkungsvoll tätig zu werden. Sie wird vorrangig für die Feuerwehrangehörigen herausgegeben, die erstmals in das jeweilige Thema „einsteigen" und für diejenigen, die sich ein solides Basiswissen aneignen möchten.

Die Inhalte der Broschüren entsprechen weitgehend den Inhalten und Vorgaben der Feuerwehr-Dienstvorschrift FwDV 2 „Ausbildung der Freiwilligen Feuerwehren" und den daraus abgeleiteten Lernzielkatalogen. Deshalb können diese Broschüren auch gut zur Lehrgangsvorbereitung und -begleitung genutzt werden.

Die Texte und Abbildungen sind in leicht verständlicher Weise dargestellt, Hinweise und Merksätze filtern die für die Praxis wichtigen Informationen heraus. Auf die Verwendung spezieller Formeln und wenig gebräuchlicher Begriffe und Einheiten wird weitgehend verzichtet. Die Angaben technischer Daten erfolgt ohne Gewähr.

Die Funktionsbezeichnungen und personenbezogenen Begriffe gelten sowohl für weibliche als auch für männliche Feuerwehrangehörige.

Diese Broschüre „Gerätekunde – Hilfeleistungsgerät" befasst sich im Rahmen der weitreichenden Gerätekunde mit den Geräten, die vornehmlich für die Hilfeleistung bei Verkehrsunfällen, Unglücksfällen und Notständen sowie für ähnliche Einsatzlagen verwendet werden. Damit die Einsatzkräfte der Feuerwehr mit diesen Hilfeleistungsgeräten den größtmöglichen Erfolg erzielen können, müssen sie zunächst die jeweiligen Geräte, ihre Ausführungen und auch ihre Funktion genau kennen. Ein sicherer und schneller Einsatzerfolg ist erreichbar, wenn die Einsatzkräfte darüber hinaus auch die zweckmäßige Bedienung und Anwendung der Hilfeleistungsgeräte beherrschen und die jeweiligen Einsatzgrenzen und -grundsätze kennen. Die Anwendung der in dieser Broschüre beschriebenen Hilfeleistungsgeräte wird ausführlich in der Broschüre „Grundtätigkeiten – Hilfeleistungseinsatz" der Reihe Fachwissen Feuerwehr beschrieben.

Der Herausgeber bedankt sich besonders bei Herrn Joachim Müller von der gfd – Gemeinschaft Feuerwehrfachhandel Deutschland – für die freundliche Bereitstellung der neuen Abbildungen.

Hinweis: Für die vorliegende 2. Auflage wurde die Broschüre vollständig überarbeitet und erheblich ausgebaut, auch unter Verwendung neuen aktuellen Bildmaterials. Die Geräte zum Sichern und Warnen wurden komplett neu aufgenommen.

Geseke, Februar 2017   Hans Kemper

Inhalt

Inhalt

1   Einleitung

Damit die Feuerwehren bei Hilfeleistungseinsätzen schnell und wirksam Hilfe leisten können, stehen ihnen für diesen Aufgabenbereich von Hand zu betätigende beziehungsweise elektrisch, pneumatisch oder hydraulisch angetriebene Hilfeleistungsgeräte zur Verfügung. Diese Geräte gehören nicht nur zur Beladung der speziell für diese Einsätze vorgesehenen Feuerwehrfahrzeuge, zum Beispiel der Rüstwagen RW oder der Hilfeleistungs-Löschgruppenfahrzeuge HLF 10 und HLF 20. Sie sind teilweise auch Bestandteil der Beladung von sonstigen Feuerwehrfahrzeugen, die nicht unmittelbar für den Hilfeleistungseinsatz vorgesehen sind, zum Beispiel Bestandteil der Beladung von Tragkraftspritzenfahrzeugen TSF.

Abbildung 1:   „Verkehrsunfall – Bereitstellen von Hilfeleistungsgeräten!"
(Quelle: Marc Köppelmann, Paderborn)

Die Art und der Umfang der auf Feuerwehrfahrzeugen mitgeführten feuerwehrtechnischen Beladungen, und somit auch der mitgeführten Hilfeleistungsgeräte, sind in den Normblättern für die jeweiligen Typen der Feuerwehrfahrzeuge festgelegt. Dabei wird zwischen der so genannten Standardbeladung, die komplett auf dem jeweiligen Fahrzeug mitgeführt werden muss, und einer zusätzlichen Beladung nach örtlichen Belangen beziehungsweise auf Wunsch des Bestellers unterschieden. Die Zusammensetzung dieser Zusatzbeladungen ist auf die entsprechenden einsatztaktischen Erfordernisse der Feuerwehr abzustimmen und abhängig von den verbleibenden Raum- und Massenreserven des Feuerwehrfahrzeuges.

Die Feuerwehr-Dienstvorschrift FwDV 1 „Grundtätigkeiten – Lösch- und Hilfeleistungseinsatz" beschreibt den erforderlichen Umgang mit bestimmten Hilfeleistungsgeräten, die vornehmlich zur Ausrüstung und Beladung der Löschgruppenfahrzeuge, gegebenenfalls mit Zusatzbeladung, gehören sowie Geräte, die zur Ausrüstung und Beladung eines Rüstwagens gehören.

Aufgrund der Vielzahl der in den Normen aufgeführten und von den Feuerwehren genutzten Hilfeleistungsgeräte beschränkt sich der Umfang dieser Broschüre im Wesentlichen auf die in der Feuerwehr-Dienstvorschrift FwDV 1 aufgeführten Ausrüstungen und Geräte.

Hinweis: Die Anwendung der in dieser Broschüre beschriebenen Hilfeleistungsgeräte wird ausführlich in der Broschüre „Grundtätigkeiten – Hilfeleistungseinsatz" der Reihe Fachwissen Feuerwehr dargestellt.

2 Persönliche Schutzausrüstungen

Die Regelwerke der Unfallversicherungsträger geben den Feuerwehren die Art und den Umfang der persönlichen Schutzausrüstung für Einsatzkräfte vor. Diese Schutzausrüstung setzt sich aus einer Mindestausrüstung und einer speziellen, auf den jeweiligen Einsatz abgestimmten Ausrüstung zusammen. Zum Schutz vor den Gefahren des Feuerwehrdienstes bei der Ausbildung, bei Übungen und im Einsatz muss gemäß der Unfallverhütungsvorschrift „Feuerwehren" (DGUV Vorschrift 49) mindestens folgende Schutzausrüstung von den Einsatzkräften getragen werden.

- Feuerwehrschutzanzug,
- Feuerwehrhelm mit Nackenschutz,
- Feuerwehrschutzhandschuhe und
- Feuerwehrschutzschuhe.

■ **Ergänzungen für den Hilfeleistungseinsatz**

Abweichungen von der Art und dem Umfang der persönlichen Schutzausrüstungen ergeben sich aus dem jeweiligen Einsatzgeschehen und sind auf Anordnung des Einheitsführers (Gruppenführer…) möglich. Für Hilfeleistungseinsätze muss eine auf die dabei vorkommenden Gefahren abgestimmte zusätzliche Schutzausrüstung genutzt werden, zum Beispiel:

- Warnkleidung,
- Gesichtsschutz,
- Augenschutz,
- Gehörschutz und/oder
- Schnittschutzausrüstung.

Hinweis: Ist mit Gefahren zu rechnen, für die die Schutzwirkung der persönlichen Schutzausrüstungen nicht ausreichend ist, müssen die Einsatzkräfte den Gefahrenbereich unverzüglich verlassen.

2.1 Warnkleidung

Werden Feuerwehrangehörige bei ihren Einsatzmaßnahmen durch fließenden Straßenverkehr gefährdet, müssen sie – zusätzlich zu den erforderlichen Warn- und Absperrmaßnahmen – geeignete Warnkleidung tragen, zum Beispiel eine Warnweste gemäß DIN EN ISO 20471 „Hochsichtbare Warnkleidung – Prüfverfahren und Anforderungen", die über dem Feuerwehrschutzanzug getragen wird. Durch die in der Norm festgelegten Anforderungen an die orangerote Farbe, die umlaufenden Retroreflexionsstreifen, die Mindestflächen und Anordnung der Materialien wird erreicht, dass der Träger der Warnweste bei allen Lichtverhältnissen am Tage und durch Anstrahlen mit Scheinwerfern in der Dunkelheit auffällig sichtbar ist.

Abbildung 2:   Warnweste, von vorne und hinten (Quelle: Gemeinschaft Feuerwehrfachhandel Deutschland – gfd –)

Warnwesten haben den Nachteil, dass sie erst übergezogen werden müssen. Dies kann dazu führen, dass zu Beginn eines Einsatzes, wenn Warn- und Absperrmaßnahmen noch nicht vollständig greifen, eine entsprechende Schutzwirkung fehlt. Daher bietet bestimmte Feuerwehrschutzkleidung, die mit entsprechenden fluoreszierenden und retroreflektierenden Warn- und Reflexstreifen ausgestattet und bei der eine geeignete Auffälligkeit durch das

Hintergrundmaterial gegeben ist, einen geeigneteren Schutz der Einsatzkräfte. Zudem ist es für die Einsatzkräfte hilfreich, auch außerhalb des Gefahrenbereiches mit fließendem Straßenverkehr – zum Beispiel bei Dunkelheit oder starker Rauchentwicklung, auffällig gekleidet zu sein.

Damit Warnwesten jederzeit ihre vorgesehene Funktion erfüllen können, sind verschmutzte Warnwesten nach dem Einsatz zu reinigen und zu trocknen. Die Warnwesten werden dann zusammengelegt im Fahrer- und Mannschaftsraum des Feuerwehrfahrzeuges verlastet.

2.2 Gesichtsschutz

Besteht bei der Durchführung von Einsatzmaßnahmen eine Gefährdung für das Gesicht eines Feuerwehrangehörigen, zum Beispiel durch Splitter, wegschnellende Teile, Funken oder Spritzer von gefährlichen Stoffen, muss ein am Feuerwehrhelm angebrachter Gesichtsschutz oder ein im Feuerwehrhelm integrierter Gesichtsschutz verwendet werden.

außen angebrachter Gesichtsschutz

integrierter Gesichtsschutz

Abbildung 3a und b: Beispiele für Gesichtsschutz an Feuerwehrhelmen (Quellen: Gemeinschaft Feuerwehrfachhandel Deutschland – gfd – (links), MSA Deutschland GmbH (rechts))

An einem Standard-Feuerwehrhelm kann außen eine klappbare Helmhalterung mit einer Scheibe aus schlagfestem klarem Kunststoff angebracht werden. Die Scheibe verfügt im oberen Bereich über Belüftungslöcher, die ein schnelles Beschlagen der Innenseite der Scheibe verhindern sollen. Bestimmte Feuerwehrhelme verfügen über einen innerhalb der Helmschale integrierten Gesichtsschutz mit einer Scheibe aus schlagfestem klarem (oder goldbedampftem) Kunststoff, die bei Bedarf unter der Helmschale hervorgezogen werden kann.

Damit ein Gesichtsschutz jederzeit seine vorgesehene Schutzfunktion erfüllen kann, ist seine Funktion nach dem Einsatz zu prüfen und die Scheibe erforderlichenfalls zu reinigen. Zerkratzte oder durch Wärmeeinwirkungen beschädigte Scheiben sind dem Gebrauch zu entziehen und zu ersetzen.

2.3 Augenschutz

Besteht bei Einsätzen eine besondere Gefahr für die Augen des Feuerwehrangehörigen, zum Beispiel durch Fremdkörper, Späne, Splitter oder durch optische Strahlung, muss eine geeignete Schutzbrille verwendet werden.

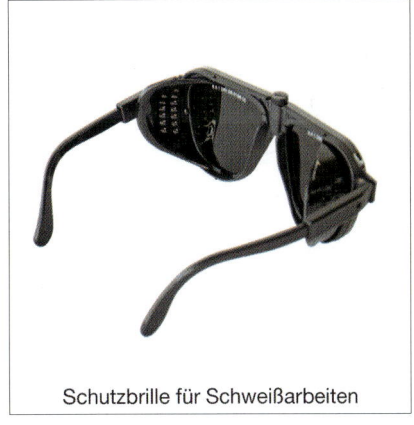

| Vollsichtbrille | Schutzbrille für Schweißarbeiten |

Abbildung 4a und b: Beispiele für Schutzbrillen (Quellen: © 2011 Drägerwerk AG & Co. KGaA (links) und Gemeinschaft Feuerwehrfachhandel Deutschland – gfd – (rechts))

Schutzbrillen müssen in Kombination mit einem Feuerwehrhelm tragbar und auch für die Verwendung durch Brillenträger geeignet sein. Dicht am Auge schließende Schutzbrillen gemäß DIN EN 166 „Persönlicher Augenschutz – Anforderungen" sind zu verwenden, wenn kleinste Fremdkörper auf die Augen treffen können, zum Beispiel Funken beim Einsatz einer Trennschleifmaschine. Dann reicht ein Gesichtsschutz nicht aus, da die Funken unter den Gesichtsschutz gelangen können. Deshalb ist bei der Verwendung derartiger Geräte eine Schutzbrille zu tragen. Schutzbrillen für Schweißarbeiten gemäß DIN EN 175 „Persönlicher Schutz – Geräte für Augen- und Gesichtsschutz beim Schweißen und bei verwandten Verfahren" mit gefärbten Schutzgläsern, klappbarem Seitenschutz und verstellbarer Bügellänge sind bei Arbeiten mit einem Plasmaschneidgerät zu tragen. Sie schützen die Augen vor Fremdkörpern und ultravioletter Strahlung.

Damit Schutzbrillen jederzeit ihre vorgesehene Schutzfunktion erfüllen können, sind sie nach dem Einsatz zu reinigen, in die vorgesehene Schutzhülle zu legen und mit dem entsprechenden Gerät im Fahrzeug zu lagern.

2.4 Gehörschutz

Lärm kommt an vielen Einsatzstellen der Feuerwehr vor, zum Beispiel bei der Verwendung von Motoraggregaten oder Kettensägen. Als Gehörschutz werden alle Schutzausrüstungen bezeichnet, die das Gehör der Einsatzkräfte vor zu lauten Geräuschen, das heißt größer 80 db(A), schützen.

■ Kapselgehörschützer

Kapselgehörschützer gemäß DIN EN 352-1 „Gehörschützer – Allgemeine Anforderungen – Teil 1: Kapselgehörschützer" bestehen aus einem stabilen Kopfbügel aus Kunststoff und zwei in der Höhe verstellbaren und drehbaren Kapseln. Das Ohr wird komplett von den Kapseln umschlossen, die an der Berührungsstelle gepolstert und ansonsten mit schalldämmendem Schaumstoff ausgekleidet sind. Kapselgehörschützer sind für die Dämmung von mittleren bis hohen Lautstärken ausgelegt, besonders für den Bereich der schrillen und gehörschädigenden Geräuschpegel ab 1.000 Hz.

Trotzdem lassen sie einen bestimmten Umfang von Signalen und Sprachen hindurch, so dass der Träger des Kapselgehörschützers nicht völlig von der Umwelt abgeschlossen ist. Aufgrund der um 360° drehbaren Ohrkapseln können Kapselgehörschützer sowohl mit dem Bügel über dem Kopf als auch mit dem Bügel im Nacken getragen werden.

Kapselgehörschützer

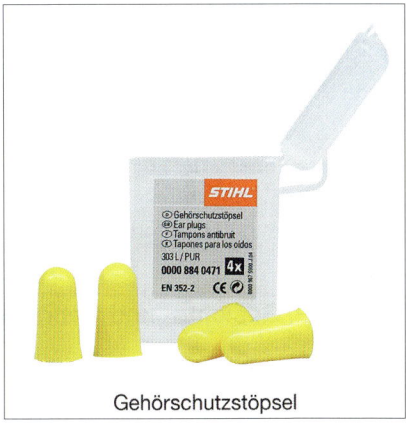
Gehörschutzstöpsel

Abbildung 5:   Beispiele für Gehörschutz (Quelle: © STIHL)

■ **Gehörschutzstöpsel**

Gehörschutzstöpsel sind die Mindestvoraussetzung, die an den Gehörschutz bei der Feuerwehr gestellt werden. Gehörschutzstöpsel gemäß DIN EN 352-2 „Gehörschützer – Allgemeine Anforderungen – Teil 2: Gehörschutzstöpsel" werden in Form von konischen PU-Schaumstöpseln in zwei Größen hergestellt. Sie sind vergleichsweise kostengünstig und deshalb für den unregelmäßigen Gebrauch gut geeignet. Gehörschutzstöpsel werden zwischen den Fingern der Länge nach fest zusammengerollt. Mit einer Hand wird über den Kopf gegriffen und das Ohr etwas nach oben gezogen. Mit der anderen Hand wird der gerollte Gehörschutzstöpsel tief in den Gehörgang eingeführt und bis zu seiner Ausdehnung kurz festgehalten.

2.5 Schnittschutzausrüstung

Tragbare Kettensägen werden von den Feuerwehren nicht nur für Sägearbeiten zum Beseitigen umgestürzter Bäume verwendet, sondern auch für das Trennen von Holzkonstruktionen oder das Öffnen von Flachdächern im Rahmen von Brandeinsätzen. Voraussetzung für den sicheren Einsatz der tragbaren Kettensägen ist neben der einwandfreien Funktion der sicherheitstechnischen Einrichtungen der Kettensägen und der fachlichen Eignung der Einsatzkräfte vor allem die Verwendung einer für diese Tätigkeiten geeigneten persönlichen Schnittschutzausrüstung.

Hinweis: Für jede auf einem Feuerwehrfahrzeug mitgeführte tragbare Kettensäge sind zwei vollständige Garnituren geeigneter Schnittschutzausrüstung auf dem Fahrzeug mitzuführen.

■ Kopf-, Gesichts- und Gehörschutz

Bei Arbeiten mit einer tragbaren Kettensäge muss von den jeweiligen Einsatzkräften mindestens ein Feuerwehrhelm mit Gesichtsschutz sowie ein geeigneter Gehörschutz getragen werden. Es wird jedoch empfohlen, einen speziellen Waldarbeiter-Schutzhelm zu tragen, der einen besseren Schutz bei derartigen Einsätzen bietet. Ein solcher Schutzhelm gemäß DIN EN 397 „Industriehelme" ist mit einem Gesichtsschutz aus einem Kunststoff-Gittergewebe zum Schutz vor Sägespänen, Splittern und peitschenden Ästen sowie mit direkt am Helm angebrachten Kapselgehörschützern zum Schutz vor dem Lärm der Kettensäge ausgestattet.

■ Handschutz

Die von den Feuerwehren verwendeten tragbaren Kettensägen müssen von der jeweiligen Einsatzkraft mit beiden Händen gehalten werden. Dabei reichen Arbeitshandschuhe oder Feuerwehrschutzhandschuhe, die einen sicheren Griff gewährleisten, in der Regel aus.

Schnittschutzjacke

Waldarbeiter-Schutzhelm

Schnittschutzhandschuhe

Beinlinge

Schnittschutzhose

Schnittschutzstiefel

Abbildung 6a bis f: Beispiele für Schnittschutzkleidung für Benutzer von tragbaren Kettensägen (Quelle: © STIHL)

Einsatzkräfte, die gegebenenfalls zur Unterstützung bei Sägearbeiten eingesetzt werden, müssen zum Schutz vor Schnittverletzungen im Handbereich jedoch Schutzhandschuhe tragen, die der DIN EN 381-7 „Schutzkleidung für Benutzer von handgeführten Kettensägen – Teil 7: Anforderungen an Schutzhandschuhe für Kettensägen" entsprechen müssen.

■ **Beinschutz**

Beim Einsatz tragbarer Kettensägen müssen von den Einsatzkräften zum Schutz vor Schnittverletzungen im Beinbereich grundsätzlich geeignete Latz- oder Bundhosen benutzt werden oder alternativ spezielle Beinlinge, die über der Feuerwehrschutzhose getragen werden. Dieser Beinschutz, mit rundumlaufender Schnittschutzeinlage, muss der DIN EN 381-5 „Schutzkleidung für die Benutzer von handgeführten Kettensägen – Teil 5: Anforderungen an Beinschutz" entsprechen. Schnittschutzkleidung besteht aus einem Baumwollmischgewebe, in das eine Schnittschutzeinlage eingearbeitet ist. Diese Einlage besteht aus mehreren Schichten mit einer Vielzahl langer Kunstfasern. Durchtrennt die laufende Kette der Säge die oberste Stoffschicht der Schnittschutzkleidung, werden ganze Faserbündel der Schnittschutzeinlage herausgerissen. Dies führt zu einer völligen Verstopfung des Kettenrades und so zum sofortigen Stillstand der Kettensäge.

■ **Oberkörperschutz**

Beim Einsatz tragbarer Kettensägen müssen die Einsatzkräfte in der Regel keinen Oberkörperschutz benutzen. Einsatzkräfte, die zur Unterstützung der Sägearbeiten eingesetzt werden, müssen zum Schutz vor Schnittverletzungen im Oberkörperbereich jedoch Schutzjacken tragen, die der DIN EN 381-11 „Schutzkleidung für die Benutzer von handgeführten Kettensägen – Teil 11: Anforderungen für Oberkörperschutzmittel" entsprechen müssen.

■ **Fußschutz**

Beim Einsatz tragbarer Kettensägen darf Feuerwehrschutzschuhwerk ohne besondere Schnittschutzeigenschaften getragen werden.

Spezielle Schutzstiefel mit Schnittschutzeinlagen sind für diese Arbeiten zunächst nicht vorgeschrieben. Das Tragen derartiger Schutzstiefel ist jedoch bei häufigem Einsatz und bei über die unmittelbare Gefahrenabwehr hinausgehenden Arbeiten mit Kettensägen sinnvoll.

■ **Wartung und Prüfung**

Schnittschutzausrüstung ist regelmäßig gemäß Gebrauchsanweisungen der Hersteller zu reinigen. Nach jeder Benutzung ist die Schnittschutzausrüstung einer Sichtprüfung durch den Benutzer auf Anzeichen von Verschleiß oder Beschädigung zu unterziehen. Mindestens einmal jährlich ist eine Prüfung durch eine sachkundige Person durchzuführen. Beschädigte Schnittschutzausrüstung ist dem Gebrauch zu entziehen und zu ersetzen.

2.6 Wathose

Wathosen werden bei Hochwassereinsätzen, in überfluteten Gebäuden oder bei Einsätzen im Bereich von Gewässern verwendet, wenn die Schafthöhe üblicher Gummistiefel nicht mehr ausreicht oder längere Zeit im Wasser gearbeitet werden muss. Wathosen bestehen aus PVC-beschichtetem Gewebe und sind somit weitgehend widerstandsfähig gegen Öle, Fette und verdünnte Säuren. Sie sind mit verstellbaren elastischen Hosenträgern, einem Kordelzug im Bund – der das Hoseninnere vor Spritzwasser schützt – und fest angearbeiteten PVC-Sicherheitsstiefeln ausgestattet.

Wathosen eignen sich nur für den Einsatz in stehenden Gewässern, bis zu einer Wassertiefe von etwa 1,10 m. Sie dürfen nicht in fließenden Gewässern eingesetzt werden, da bei einem Sturz Wasser in die Wathose einströmen kann, sich die Wathose wie ein Windsack aufbläht und so den Träger der Hose unter Wasser drücken kann. Durch eine Sicherung mit einer Feuerwehrleine kann sich die Situation dabei sogar noch verschlimmern, da sich die Leine spannt und den Träger – schon bei mittleren Fließgeschwindigkeiten und knietiefem Wasser – unter Wasser drückt.

2.7 Infektionsschutzhandschuhe

Infektionsschutzhandschuhe gemäß DIN EN 455 „Medizinische Handschuhe zum einmaligen Gebrauch" dienen dem Schutz vor Übertragung von Krankheitserregern und sind bei Rettungs- und Erste-Hilfe-Maßnahmen – gegebenenfalls unter den Einsatzhandschuhen – zu tragen. Infektionsschutzhandschuhe sind flüssigkeitsdichte, rechts und links passende Handschuhe aus Latex, Nitril oder Vinyl, die nach dem Gebrauch entsorgt werden.

2.8 Halbmaske

Besteht bei der Durchführung von Einsatzmaßnahmen eine Gefährdung für die Atemorgane der Feuerwehrangehörigen, zum Beispiel durch Feinstäube, Glasstaub oder Aerosole, müssen geeignete Halbmasken gemäß DIN EN 149 „Atemschutzgeräte – Filtrierende Halbmasken zum Schutz gegen Partikeln – Anforderungen, Prüfung, Kennzeichnung" verwendet werden. Diese Halbmasken bestehen aus einem weichen mehrschichtigen Filtermaterial mit einem formbaren Nasenbügel und einem elastischen Kopfband für ein einfaches Anlegen der Halbmaske.

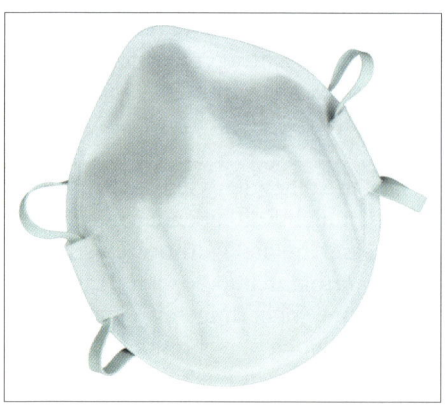

Abbildung 7:
Beispiel für eine Feinstaubmaske
(Quelle: MSA Deutschland GmbH)

Hinweis: Filtrierende Halbmasken sind kein Ersatz für die üblichen Atemschutzgeräte der Feuerwehr, zum Beispiel kein Ersatz für Filtergeräte.

2.9   Selbstkontrolle und Testfragen

(Lösungen siehe Seite 112)

1. Welche Merkmale kennzeichnen eine Warnweste?

a) Die orangerote Farbe
b) Die verkehrsgrüne Farbe
c) Die umlaufenden Retroreflexionsstreifen
d) Die eingearbeiteten Beleuchtungsstreifen

2. Bei welchen Gefährdungen sind Schutzbrillen zu tragen?

a) Bei mechanischen Gefährdungen durch Späne, Splitter oder Fremdkörper
b) Bei optischen Gefährdungen durch ultraviolette Strahlung
c) Bei thermischen Gefährdungen durch Wärmestrahlung
d) Bei besonderen Gefährdungen durch Sonnenstrahlen

3. Welche Arten von Schutzausrüstungen werden von den Feuerwehren als Gehörschutz verwendet?

a) Gehörschutzstöpsel
b) Gehörschutzschrauben
c) Gehörschutzhelme
d) Kapselgehörschützer
e) Radiogehörschützer
f) Kinnbügelgehörschützer

4. Welche Schutzausrüstung ist als Kopf-, Gesichts- und Gehörschutz bei Arbeiten mit einer tragbaren Kettensäge zu tragen?

a) Ein Waldarbeiter-Schutzhelm mit Gesichtsschutz sowie einem direkt am Helm angebrachten Kapselgehörschützer
b) Mindestens ein Feuerwehrhelm mit Nackenschutz und Schutzbrille
c) Mindestens ein Feuerwehrhelm mit Gesichtsschutz und Gehörschutz
d) Ein spezieller Industriehelm mit Schnittschutzeinlage

3 Geräte zum Sichern und Warnen

Zur Absicherung von Einsatzstellen im Verkehrsraum, zum Verhindern des unbefugten Betretens von Einsatzstellen und zum Schutz der Einsatzkräfte und der betroffenen Personen werden Geräte zum Sichern und Warnen eingesetzt, die in entsprechender Art und Anzahl auf den Einsatzfahrzeugen mitgeführt werden. Für den Betrieb, die Wartung und die Pflege der Geräte sind die Bedienungsanleitungen der jeweiligen Hersteller maßgebend. Akkubetriebene Geräte sind regelmäßig aufzuladen, bei Geräten mit handelsüblichen Batterien ist die vorgesehene Funktion regelmäßig zu prüfen.

3.1 Warndreieck und Warnblinkleuchte

Warndreiecke und Warnblinkleuchten gehören zur grundsätzlichen Beladung von Feuerwehrfahrzeugen. Sie müssen den Anforderungen der Straßenverkehrs-Zulassungs-Ordnung (StVZO) entsprechen sowie tragbar, standsicher und so beschaffen sein, dass sie bei Gebrauch auch aus ausreichender Entfernung erkennbar sind.

Abbildung 8a und b: Warndreieck und Warnblinkleuchte (Quellen: Gemeinschaft Feuerwehrfachhandel Deutschland – gfd – (links) und HELLA KGaA Hueck & Co. (rechts))

Warndreiecke, die gemäß StVZO auf Kraftfahrzeugen verpflichtend mitgeführt werden müssen, haben eine Seitenlänge von etwa 440 mm und sind zusammenklappbar in einem Kunststoffköcher auf den Fahrzeugen untergebracht. Zur Absicherung der Einsatzstellen der Feuerwehr sind sie aufgrund ihrer Größe, ihrer verhältnismäßig geringen Standfestigkeit und ihrem mitunter aufwendigen Instellungbringen weniger geeignet.

Warnleuchten, die gemäß StVZO auf Kraftfahrzeugen mit einer zulässigen Gesamtmasse größer 3.500 kg verpflichtend mitgeführt werden müssen, bestehen aus einem Kunststoffgehäuse mit abklappbarer Aufstellvorrichtung, einerseits mit einer orangenen Streuscheibe für Blinklicht und andererseits mit einer weißen Streuscheibe für Arbeitslicht. Betrieben werden diese Warnleuchten durch im Gehäuse untergebrachte handelsübliche Batterien. Zur Absicherung von Einsatzstellen der Feuerwehr sind sie aufgrund ihrer Größe weniger geeignet.

3.2 Verkehrswarngeräte

Verkehrswarngeräte – auch Blitzleuchten genannt – dienen zur schnellen Sicherung von Unfall- und Einsatzstellen und zur deutlichen Warnung der übrigen Verkehrsteilnehmer vor Gefahren im Bereich des fließenden Verkehrs. Diese Verkehrswarngeräte haben aufgrund ihrer speziellen Blitztechnik, dem beidseitigen Lichtaustritt und der Signalscheibe mit einem Durchmesser von mindestens 150 mm eine wesentlich größere Warnwirkung als die Warnleuchten gemäß StVZO, auch aus weiterer Entfernung.

Warnblitzleuchten gemäß „Technische Lieferbedingung – Warnleuchten" der Bundesanstalt für Straßenwesen (BASt) bestehen aus einem schlag- und stoßfesten Kunststoffgehäuse zur Aufnahme spezieller Batterien, einem außenliegenden Lichtschalter und der Leuchteinheit mit beidseitigen gelben Signalscheiben. Bei bestimmten Ausführungen dieser Leuchten kann durch ein Infrarot-Übertragungssystem eine beliebige Anzahl baugleicher Leuchten zu einer gleichlaufenden „Blitzkette" zusammengestellt werden. Mit dem Einschalten der ersten Leuchte werden alle weiteren Leuchten aktiviert, mit dem Ausschalten auch alle anderen Leuchten ausgeschaltet.

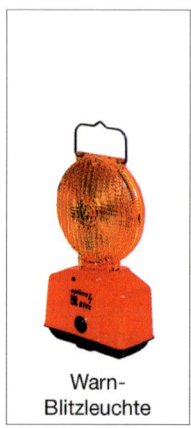

| Warn-Blitzleuchte | Dreifach-Blitzleuchte | Leitkegel-Blitzleuchten |

Abbildung 9a bis c: Verschiedene Ausführungen von Verkehrswarngeräten (Quelle: Wolfgang Jahn GmbH)

Dreifach-Blitzleuchten – auch TRI-Blitz genannt – haben einen einseitigen Lichtaustritt mit wahlweise auf- oder abwärts laufender Blitzfolge. Durch Umklappen der Optik erfolgt die Verkehrswarnung in zwei Richtungen. Leitkegel-Blitzleuchten mit beidseitigem Lichtaustritt werden in Leitkegel eingesteckt. Sie werden mit handelsüblichen Batterien betrieben.

3.3 Anhaltestab

Anhaltestäbe – auch Winkerkellen genannt – dienen den Feuerwehren zum gegebenenfalls notwendigen Anhalten des Fahrzeugverkehrs im Bereich einer Einsatzstelle. Sie bestehen aus einem Handgriff und einem Kopfstück aus schlagfestem Kunststoff. Auf dem Kopfstück befindet sich beidseitig eine rote Signalscheibe mit reflektierender weißer Aufschrift „Halt Feuerwehr" und die beidseitig leuchtende Lichteinheit mit zuschaltbarem roten Dauerlicht. Betrieben werden die Anhaltestäbe durch drei im Handgriff untergebrachte handelsübliche Batterien.

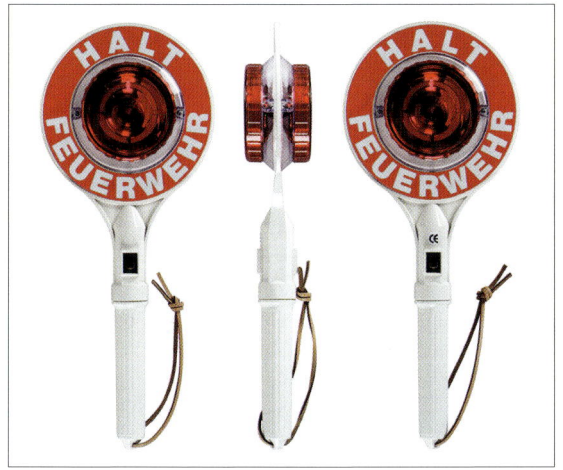

Abbildung 10:
Anhaltestab, beidseitig rot leuchtend (Quelle: Glunz-Technik GmbH)

Hinweis: Für die Feuerwehr sind Anhaltestäbe mit roter und grüner Signalscheibe/Lichteinheit nicht zugelassen. Die Feuerwehren sind zwar berechtigt, bei bestimmten Einsatztätigkeiten den Verkehr anzuhalten („Halt Feuerwehr"), aber nicht berechtigt, den Verkehr dann wieder freizugeben („Straße frei"). Dies ist ausschließlich Aufgabe der Polizei.

3.4 Verkehrsleitkegel

Verkehrsleitkegel gemäß DIN EN 13422 „Straßenverkehrzeichen (vertikal) – Transportable Straßenverkehrszeichen – Leitkegel und Leitzylinder", auch Pylone oder „Verkehrshütchen" genannt, werden zur kurzfristigen Warnung und Absicherung von Unfall- oder Einsatzstellen und zur optischen Führung der Verkehrsteilnehmer im Straßenverkehr verwendet. Sie werden aus Kunststoff in unterschiedlichen Größen gefertigt, für die Feuerwehr meist 500 mm oder 750 mm, und besitzen eine auffällige Farbgebung. Zur Verbesserung der Sichtbarkeit bei Dunkelheit ist die Oberfläche zusätzlich retroreflektierend mit weißen oder silbernen Streifen ausgeführt. Verkehrsleitkegel sind leicht transportabel, stapelbar sowie im Kollisionsfall weitgehend ungefährlich, da sie fast gefahrlos überfahren werden können.

Abbildung 11:
Verkehrsleitkegel mit schwerem Kegel-
fuß (Quelle: Gemeinschaft Feuerwehrfachhandel Deutschland – gfd –)

3.5 Faltsignal

Faltsignale werden ebenfalls zur Warnung und Absicherung von Unfall- und Einsatzstellen im Bereich des Straßenverkehrs verwendet. Sie bestehen aus einem dreiseitigen Gestell aus Metallprofilen mit einer Seitenlänge von etwa 900 mm und einem schirmartigen Spannmechanismus. Darauf ist ein Bezug aus beschichtetem Kunststoffgewebe mit retroreflektierender Oberfläche befestigt, mit dreiseitig aufgedrucktem Verkehrszeichen „Gefahrstelle" in Tagesleuchtfarbe und Aufschriften nach Wahl des Bestellers.

Abbildung 12a bis c: Verschiedene Ausführungen von Faltsignalen (Quelle: Gemeinschaft Feuerwehrfachhandel Deutschland – gfd –)

Faltsignale werden zusammengefaltet in Schutzhüllen aus PVC-beschichtetem Material auf den Einsatzfahrzeugen gelagert. Aufgrund ihres geringen Platzbedarfs, ihrer guten Sichtbarkeit und Standfestigkeit sind Faltsignale für die Verwendung durch die Feuerwehr gut geeignet.

3.6 Folienabsperrband

Folienabsperrbänder, auch Flatterbänder genannt, werden von der Feuerwehr zur Kennzeichnung von Absperrgrenzen oder Gefahrenstellen außerhalb von Bereichen mit fließendem Straßenverkehr verwendet. Folienabsperrbänder bestehen aus reißfester Polyethylen-Folie, sind rot/weiß gestreift und in einer Länge von etwa 500 m zum Ausziehen und Abreißen in einem Abrollkarton oder einer Abrollbox aus Kunststoff untergebracht. Sind für die Verwendung des Folienabsperrbandes keine örtlichen Befestigungspunkte vorhanden, werden zusätzlich Absperr-/Stützstangen benötigt.

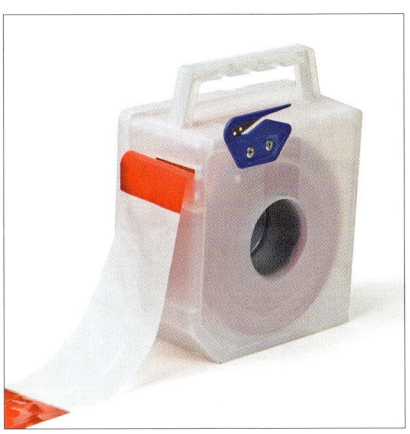

Abbildung 13:
Folienabsperrband, mit Abrollbox (Quelle: Gemeinschaft Feuerwehrfachhandel Deutschland – gfd –)

Die auf bestimmten Feuerwehrfahrzeugen mitgeführten Absperr-/Stützstangen aus verzinktem Rundstahl dienen zum Befestigen von Absperrleinen und -bändern. Sie haben eine Länge von etwa 1.200 mm, sind auf einer Seite angespitzt und haben auf der anderen Seite eine Einhängegabel.

3.7 Selbstkontrolle und Testfragen

(Lösungen siehe Seite 112)

1. Welche Verkehrswarngeräte werden von den Feuerwehren üblicherweise eingesetzt?

a) Warnblitzleuchten
b) Dreifach-Blitzleuchten
c) Helm-Blitzleuchten
d) Explosionsgeschützte Handblitzleuchten
e) Leitkegel-Blitzleuchten

2. Welche Aufschriften sind auf einem Anhaltestab der Feuerwehr vorgesehen?

a) „Achtung Unfall"
b) „Halt Feuerwehr"
c) „Straße frei"
d) „Langsam vorbeifahren"

3. Welche Anforderungen werden an Verkehrsleitkegel der Feuerwehr gestellt?

a) Höhe 500 mm oder 750 mm
b) Aus Kunststoff, mit weißen oder silbernen Streifen
c) Voll retroreflektierend
d) Leicht transportabel und stapelbar
e) Zusammenfaltbar

4. Wozu wird Folienabsperrband durch die Feuerwehr eingesetzt?

a) Zur Absicherung von Bereichen mit fließendem Verkehr
b) Zur Absicherung von Bereichen außerhalb von fließendem Verkehr
c) Zur Kennzeichnung von Absperrgrenzen
d) Zur Kennzeichnung von Straßen-Vollsperrungen

4 Einfache Hilfeleistungsgeräte

Rettungs- und Hilfeleistungseinsätze der Feuerwehren erfordern häufig den Einsatz spezieller Geräte. Bei vielen Einsätzen reichen aber oftmals auch einfache Hilfeleistungsgeräte aus, besonders in der Anfangsphase eines Einsatzes. Die einfachen Hilfeleistungsgeräte sind nach jeder Benutzung durch den Benutzer einer Sichtprüfung auf Anzeichen von Verschleiß oder Beschädigung zu unterziehen. Mindestens einmal jährlich ist eine Prüfung der Geräte durch eine sachkundige Person durchzuführen. Beschädigte Geräte sind dem Gebrauch zu entziehen und zu ersetzen.

4.1 Brechstange

Brechstangen sind einfache Geräte, die zum Aufhebeln und Aufbrechen von Fenstern und Türen, auch an verunfallten Kraftfahrzeugen, sowie zum Anheben und Bewegen von Lasten eingesetzt werden. Sie können auch zur Schaffung eines Spaltes verwendet werden, um andere Geräte wie zum Beispiel Hebekissen unter eine Last einzuführen. Nach den Grundsätzen des Hebelgesetzes lassen sich die Brechstangen als ein- oder zweiseitiger Hebel einsetzen, mit geringem Hub große Kräfte übertragen und mit der klauenförmigen Schneide größere Nägel ziehen. Brechstangen gemäß DIN 14853 bestehen aus einem Rundstahl mit einer Länge von 700 mm oder 1.500 mm. Ein Ende ist vierseitig spitz zulaufend, das andere Ende flach abgewinkelt und eingekerbt. Beide Enden sind gehärtet und geschliffen.

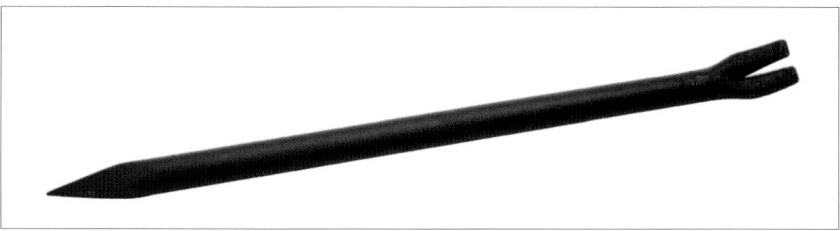

Abbildung 14: Brechstange (Gemeinschaft Feuerwehrfachhandel Deutschland – gfd –)

4.2 Nageleisen

Nageleisen sind einfache Geräte zum Ziehen von Nägeln und zum Aufhebeln und Aufbrechen von Fenstern, Türen, Holzkonstruktionen, Verschalungen oder Leichtbauwänden. Zum Bewegen kleinerer Lasten können Nageleisen wie eine Brechstange eingesetzt werden. Die nicht genormten Nageleisen sind in unterschiedlichen Ausführungen und Längen erhältlich. Die von den Feuerwehren verwendeten Ausführungen bestehen in der Regel aus einem Rund- oder Sechskantstahl, sind etwa 750 mm lang und haben an einem Ende eine flachgeschmiedete Hebelschneide und am anderen Ende eine um 90° abgewinkelte und eingekerbte Klaue.

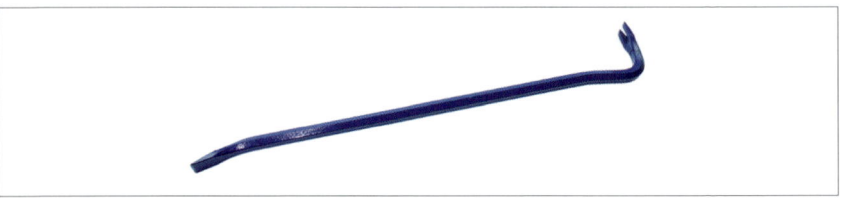

Abbildung 15:   Nageleisen (Quelle: Gemeinschaft Feuerwehrfachhandel Deutschland – gfd –)

4.3 Multifunktionales Hebel-/Brechwerkzeug

In den aktuellen Beladelisten der genormten Feuerwehrfahrzeuge ist als Ersatz für die bisher verwendete Brechstange nunmehr ein multifunktionales Hebel-/Brechwerkzeug aufgeführt. Die bekannteste Ausführung ist das „Halligan-Tool", das inzwischen von vielen Feuerwehren eingesetzt wird. Dieses aus einem Stück geschmiedete Werkzeug hat an einem Stielende eine keilförmige Querschneide und einen spitz zulaufenden Runddorn, jeweils in einem Winkel von 90° zueinander und zum Stielende, mit Schlagfläche. Am anderen Stielende befindet sich eine Klinge in Nageleisenform („Kuhfußklaue") in einem Winkel von etwa 30° zum Werkzeugstiel oder eine Blechschneidklaue, die jeweils auch als Nageleisen verwendet werden können. Die Länge des Halligan-Tools beträgt etwa 750 mm.

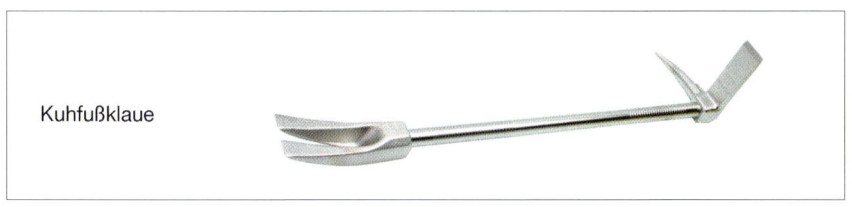

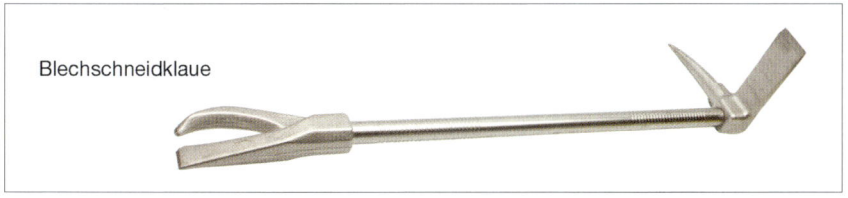

Abbildung 16a und b: Beispiele für Halligan-Tools (Quelle: Paratech, Inc.)

4.4 Werkzeugkästen

Mit der Ausrüstung der von den Feuerwehren verwendeten Werkzeugkästen lassen sich bei Hilfeleistungseinsätzen die jeweils notwendigen Handwerkstätigkeiten durchführen. Bei der Bestückung der Kästen wird weitgehend auf genormte Werkzeuge zurückgegriffen. Auf Wunsch des Bestellers dürfen die Kästen durch weiteres Werkzeug ergänzt werden. Der Inhalt der Werkzeugkästen ist in genormten Kästen aus Leichtmetall unterzubringen.

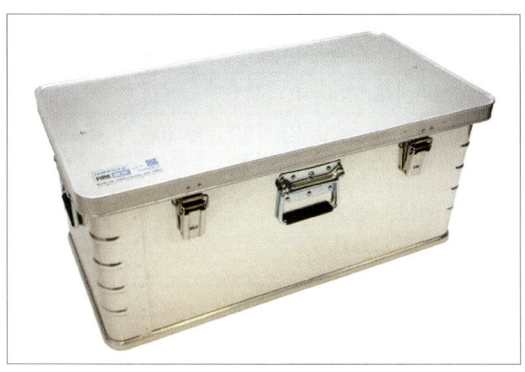

Abbildung 17:
Genormter Kasten für
Feuerwehrgeräte (Quelle:
Dönges GmbH & Co.KG)

33

4.4.1 Werkzeugkästen für Metall- und Holzbearbeitung

Die gemäß DIN 14800-9 genormten Werkzeugkästen enthalten die bei Feuerwehreinsätzen häufig gebrauchten Werkzeuge zur allgemeinen Metall- und Holzbearbeitung und können als feuerwehrtechnische Ausrüstung auf Feuerwehrfahrzeugen mitgeführt werden. Sie gliedern sich in die Ausführungen Metall 1 (WKM 1), Metall 2 (WKM 2) und Holz (WKH).

Tabelle 1: Inhalt des Werkzeugkastens Metall 1

Anzahl	Benennung
1 Satz	Doppelmaulschlüssel, Schlüsselweite 6 mm bis 32 mm
1 Satz	Ringmaulschlüssel, Schlüsselweite 6 mm bis 32 mm
1 Stück	Schlosserhammer, Größe 500
1 Satz	Schraubendreher, für Schlitzschrauben, Breite 4,5 mm bis 12 mm
1 Satz	Schraubendreher, für Schlitzschrauben, Breite 5,5 mm bis 14 mm
2 Stück	Schraubendreher, für Schlitzschrauben, Breite 2,5 mm und 4 mm
1 Stück	Schraubendreher, kurz, für Schlitzschrauben, Breite 6,5 mm
1 Stück	Winkelschraubendreher, für Schlitzschrauben, Breite 5,5 mm
2 Stück	Winkelschraubendreher, für Kreuzschlitzschr., Größe PH 1 und 3
1 Satz	Schraubendreher, für Kreuzschlitzschrauben, Größe PH 1 bis 3
1 Stück	Schraubendreher, kurz, für Kreuzschlitzschrauben, Größe PH 1
1 Satz	Winkelschraubendreher, für Innensechskantschrauben
1 Satz	Steckschlüssel, mit Einsätze für Sechskantschrauben
1 Satz	Einsätze für Torx®-Schrauben, Nummer 10 bis 60
2 Stück	verstellbarer Einmaulschlüssel, Nenngröße 150 und 300

Tabelle 2: Inhalt des Werkzeugkastens Metall 2

Anzahl	Benennung
1 Stück	Fäustel, Größe 1
1 Satz	Splinttreiber, Größe 2, 4 und 8

Tabelle 2: Inhalt des Werkzeugkastens Metall 2 (Fortsetzung)

Anzahl	Benennung
1 Stück	Metallbügelsäge, Form A oder B, mit fünf Ersatzsägeblättern
1 Stück	Metallbügelsäge, Form C, mit fünf Ersatzsägeblättern
2 Stück	Flachmeißel, Länge 250 mm und 400 mm
1 Stück	Spitzmeißel, Länge 400 mm
1 Stück	Rohrzange, Größe 1
1 Stück	Monierzange, Länge 250 mm
1 Stück	Kombinationszange, Größe 303, mit isolierten Griffen
1 Stück	Seitenschneider, Größe 101, mit isolierten Griffen
2 Stück	Wasserpumpenzange, Größe 207, Länge 250 mm und 400 mm
1 Stück	Gripzange, Länge 250 mm
1 Stück	Blechschere, Länge 250 mm
1 Stück	Gummihammer, Größe 600, oder Schonhammer aus Kunststoff
1 Stück	Rollbandmaß, aus Metall, Länge 5 m
1 Stück	Gliedermaßstab, Länge 2 m
1 Stück	Lecksuchspray

Abbildung 18:
Inhalt des Werkzeugkastens Metall 2 (Quelle: Dönges GmbH & Co. KG)

Tabelle 3: Inhalt des Werkzeugkastens Holz

Anzahl	Benennung
2 Stück	Latthammer, Größe C 570
1 Stück	Schreinerklüpfel
1 Stück	Beil, Größe B 600
1 Stück	Stechbeitel, Größe B 14
1 Stück	Stemmeisen, schwere Ausführung, Breite 35 mm
1 Stück	Stichsäge, Größe B 350, mit Ersatzsägeblatt
1 Stück	Zimmermannswinkel, aus Metall, Größe etwa 500 mm × 280 mm
1 Stück	Stellwinkel (Schmiege), Länge etwa 330 mm
10 Stück	Zimmermannsbleistift
1 Stück	Wasserwaage, Länge 500 mm
2 Stück	Schraubzwinge, Größe 200 mm × 100 mm
4 Stück	Schraubzwinge, Größe 400 mm × 175 mm
1 Stück	Rollbandmaß, aus Glasfasergewebe, Länge 30 m
2 Stück	Gliedermaßstab, Länge 2 m

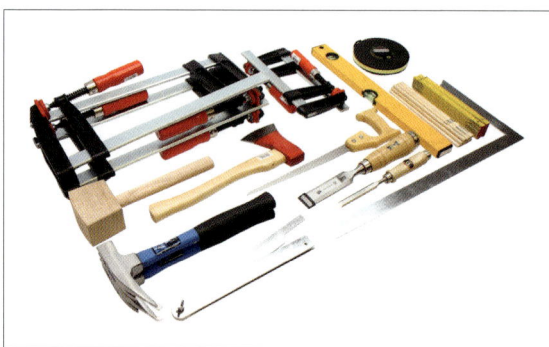

Abbildung 19:
Inhalt des Werkzeugkastens Holz (Quelle: Dönges GmbH & Co. KG)

4.4.2 Feuerwehr-Werkzeugkasten

Die gemäß DIN 14881 genormten Feuerwehr-Werkzeugkästen (FWKa) enthalten die für Handwerksarbeiten an Einsatzstellen häufig gebrauchten Werkzeuge und werden als feuerwehrtechnische Ausrüstung vor allem auf Löschgruppenfahrzeugen mitgeführt.

Tabelle 4: Inhalt des Feuerwehr-Werkzeugkastens

Anzahl	Benennung
1 Stück	Schraubendreher, isoliert, für Schlitzschrauben, Breite 2,5 mm
3 Stück	Schraubendreher, für Schlitzschrauben, Breite 4,0 mm bis 8,0 mm
1 Satz	Schraubendreher, für Kreuzschlitzschrauben, Größe PH 1 bis 3
1 Stück	Winkelschraubendreher, für Schlitzschrauben, Breite 5,5 mm
1 Stück	Winkelschraubendreher, für Kreuzschlitzschrauben, Größe PH 1
1 Satz	Stiftschlüssel, für Innensechskantschr., Größe 1,5 mm bis 10 mm
1 Satz	Stiftschlüssel, für Torx®-Schrauben, Größe 10 bis 45
1 Satz	Ringmaulschlüssel, Form A, Schlüsselweite 8 mm bis 32 mm
1 Stück	verstellbarer Einmaulschlüssel, Nenngröße 200
1 Satz	Steckschlüssel, mit Einsätze für Sechskantschrauben
1 Stück	handelsüblicher Bauschlüssel, für Profilzylinderausschnitt PZ
1 Stück	handelsüblicher Schaltschrankschlüssel
1 Stück	Schlosserhammer, Größe 500
1 Stück	Splinttreiber, Größe 4
1 Stück	Monierzange, Länge 250 mm
1 Stück	Kombinationszange, Größe 303, mit isolierten Griffen
1 Stück	Seitenschneider, Größe 101, mit isolierten Griffen
1 Stück	Flachrundzange, Größe 202, mit isolierten Griffen
1 Stück	Wasserpumpenzange, Größe 207, Länge 250 mm
1 Stück	Gripzange, Länge 250 mm, Arbeitsbereich 40 mm
1 Stück	Eckrohrzange, Größe B 1½

Tabelle 4: Inhalt des Feuerwehr-Werkzeugkastens (Fortsetzung)

Anzahl	Benennung
1 Stück	Metallbügelsäge, Form B, mit zehn Ersatzsägeblättern
1 Stück	Hebeleisen, Länge mindestens 400 mm
1 Stück	Flachmeißel, Länge mindestens 200 mm, mit Handschutz
1 Stück	Sicherheitsmesser, mit automatischem Klingenrückzug
1 Stück	Rollbandmaß, aus Metall, arretierbar, Länge 3 m
1 Stück	Schutzbrille, dicht am Auge schließend

Abbildung 20:
Inhalt des Feuerwehr-
Werkzeugkastens (Quelle:
Dönges GmbH & Co. KG)

4.4.3 Feuerwehr-Elektrowerkzeugkasten

Die gemäß DIN 14885 genormten Feuerwehr-Elektrowerkzeugkästen (EWK-FW) werden eingesetzt, um in elektrischen Niederspannungsanlagen, zum Beispiel Hausinstallationen, Frei- und Abschaltmaßnahmen durchzuführen. Sie enthalten eine Zusammenstellung von bis 1.000 Volt isolierten Werkzeugen sowie entsprechendes Zubehör und werden als feuerwehrtechnische Ausrüstung vor allem auf Löschgruppenfahrzeugen mitgeführt.

Tabelle 5: Inhalt des Feuerwehr-Elektrowerkzeugkastens

Anzahl	Benennung
1 Stück	zweipoliger Spannungsprüfer, Spannungsklasse B, mit Zubehör
2 Stück	Zusatzzeichen „Nicht schalten – Es wird gearbeitet!"
1 Stück	Hinweisschild „5 Sicherheitsregeln!"
1 Satz	Schraubendreher, isoliert, für Schlitzschrauben
1 Satz	Schraubendreher, isoliert, für Kreuzschlitzschrauben
1 Stück	Flachrundzange, isoliert, Größe 202, Länge 200 mm
1 Stück	Seitenschneider, isoliert, Größe 101, Länge 200 mm
1 Satz	Einmaulschlüssel, isoliert, Schlüsselweite 10 mm bis 15 mm
1 Stück	Aufsteckgriff mit Stulpe, zum Ziehen von NH-Sicherungen
1 Rolle	Isolierband, Textilausführung mit Gewebeband
1 Stück	Signierkreide
1 Paket	selbstklebende Schilder, mit Aufschrift „Nicht schalten – Gefahr!"
100 Stück	Kabelbinder, Länge etwa 300 mm bis 370 mm

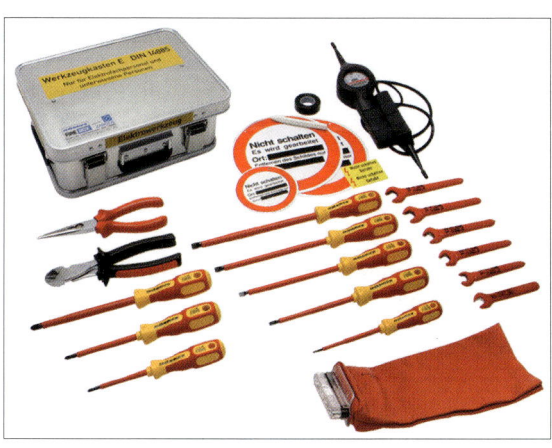

Abbildung 21:
Inhalt des Feuerwehr-Elektrowerkzeugkastens (Quelle: Dönges GmbH & Co. KG)

Arbeiten im Bereich von unter Spannung stehenden Anlagen dürfen grundsätzlich nur durch Elektrofachkräfte durchgeführt werden. An Einsatzstellen der Feuerwehr ist jedoch nicht immer gewährleistet, dass Elektrofachkräfte oder elektrotechnisch unterwiesene Personen (des Anlagenbetreibers) unverzüglich zur Verfügung stehen. Deshalb ist es vertretbar, wenn elektrotechnisch unterwiesene Feuerwehrangehörige im Bereich von Hausinstallationen bestimmte Sicherungsmaßnahmen, insbesondere Freischalten, übernehmen, wenn dies zwingend erforderlich ist. Der Kastendeckel eines Feuerwehr-Elektrowerkzeugkastens ist aus diesem Grund außen zusätzlich mit der Aufschrift „Nur für Elektrofachkräfte und elektrotechnisch unterwiesene Personen" und innen mit der Aufschrift „Aufsteckgriff nur mit Handschutz und Gesichtsschutz benutzen" gekennzeichnet.

Hinweis: Elektrotechnisch unterwiesene Feuerwehrangehörige sind gemäß DGUV Information 205-010 „Sicherheit im Feuerwehrdienst, Teil C24" in Verbindung mit der DGUV Vorschrift 3 „Elektrische Anlagen und Betriebsmittel" einmal jährlich durch eine Elektrofachkraft zu unterweisen. Die Unterweisung ist zu dokumentieren.

4.4.4 Verkehrsunfallkasten

Die gemäß DIN 14800-12 genormten Verkehrsunfallkästen (VUK) enthalten häufig gebrauchte Werkzeuge und Hilfsmittel für Einsätze bei Verkehrsunfällen und können als feuerwehrtechnische Ausrüstungen auf Feuerwehrfahrzeugen mitgeführt werden.

Tabelle 6: Inhalt des Verkehrsunfallkastens

Anzahl	Benennung
2 Stück 1 Stück	Doppel-Maulschlüssel, Schlüsselweite 10 mm bis 13 mm oder verstellbarer Einmaulschlüssel, Nenngröße 150[1]
1 Stück	Federkörner
1 Stück	Montierhebel
1 Stück	Glastrenngerät

Tabelle 6: Inhalt des Verkehrsunfallkastens (Fortsetzung)

Anzahl	Benennung
1 Stück	Tacksheber
1 Stück	Seitenschneider, isoliert, Größe 101, Länge 200 mm
1 Stück	Gurtmesser, mit geschützter Klinge
1 Stück	Messer mit Wellenschliff, Klingenlänge mindestens 100 mm
6 Stück	Keil, aus Weichholz, Abmessung 400 mm × 100 mm × 80 mm
1 Stück	Ratschenzurrgurt, Zurrkraft mindestens 5 kN, Länge 5 m[1]
1 Stück	Blechtrennmeißel, mit Handschutz[1]
1 Stück	Schlosserhammer, Größe 500[1]
1 Stück	Rettungsdecke, metallisierte PE-Folie, 2.100 mm × 1.600 mm
1 Stück	Schutzbrille, dicht am Auge schließend
2 Stück	Folie, transparent, Abmessungen 1.000 mm × 1.500 mm
1 Rolle	Klebeband, mit Textileinlage, Breite 50 mm
1 Stück	Wachskreide, mit Halter
4 Paar	Infektionsschutzhandschuhe, mittlere Größen
4 Paar	Infektionsschutzhandschuhe, große Größen

[1] Nur auf Wunsch des Bestellers

4.4.5 Sperrwerkzeugkasten

Die gemäß DIN 14800-12 genormten Sperrwerkzeugkästen (SWK) enthalten häufig gebrauchte Werkzeuge zum Öffnen von Türen und Fenstern von Gebäuden und können als feuerwehrtechnische Ausrüstungen auf Feuerwehrfahrzeugen mitgeführt werden.

Tabelle 7: Inhalt des Sperrwerkzeugkastens

Anzahl	Benennung
1 Stück	Halter für Schraubendrehereinsatz, mit Quergriff
1 Stück	Schraubendrehereinsatz, für Torx®-Schrauben, Größe 20

Tabelle 7: Inhalt des Sperrwerkzeugkastens (Fortsetzung)

Anzahl	Benennung
30 Stück	Zugschraube, für Torx®-Schrauben, Größe 20
1 Stück	Einspannvorrichtung für Zugschrauben
1 Stück	Sprühdose mit Schneid- und Gleitöl
1 Stück	Zylinderziehgerät, mit Zubehör (zum Beispiel Zugglocke)
1 Stück	Metallprofilzylinder, kurze Ausführung
1 Stück	Schlüsseleinsatz
1 Stück	Beschlagheber
1 Stück	Türfallenspartel
1 Satz	Türfallen-Vierkant, Größe 8 mm, 9 mm und 10 mm
1 Satz	Türfallenspiralöffner
2 Stück	Fallendraht, für Türen mit Doppelfalz
1 Stück	Kippfenster-Öffner

Abbildung 22:
Inhalt des Sperrwerkzeug-
kastens (Quelle: Dönges
GmbH & Co. KG)

4.5 Einreißhaken

Einreißhaken können zum Einreißen und Umstoßen von Bauteilen sowie zum Herausziehen von Gegenständen aus Gefahrenbereichen eingesetzt werden. Sie bestehen gemäß der aktuellen Ausgabe der DIN 14851 aus einem Stiel aus Aluminium mit aufsteckbarem Haken aus Stahl. Der stufenlos teleskopierbare Stiel besteht aus einem inneren Rohr mit einem Aufsteckzapfen zum Anschluss des Hakens und einem äußeren Rohr, das zur stufenlosen Verlängerung verstellt werden kann. Die Sicherung des ausgeschobenen inneren Rohres erfolgt über eine unverlierbar befestigte Stern- oder Kreuzgriffschraube. Die Länge eines Einreißhakens beträgt maximal 2.000 mm (zum Transport) und mindestens 3.000 mm im ausgeschobenen Zustand (zur Benutzung). Mit einem zusätzlichen Verlängerungsrohr lässt sich die Gesamtlänge auf mindestens 4.650 mm erweitern.

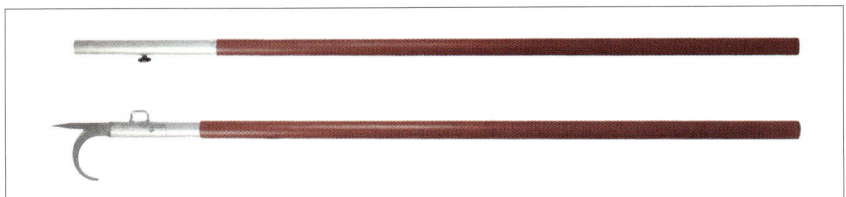

Abbildung 23:   Einreißhaken (Quelle: Dönges GmbH & Co. KG)

Das äußere Rohr ist am unteren Ende mit einer abnehmbaren Schutzkappe abgedeckt, das gegebenenfalls verwendete Verlängerungsrohr am unteren Ende mit einer fest montierten Schutzkappe. Bei der Lagerung oder dem Transport des Einreißhakens muss der Haken aus Sicherheitsgründen vollständig durch eine entsprechende Abdeckung geschützt werden.

Hinweis: Durch eine entsprechende konstruktive Gestaltung des Einreißhakens muss sichergestellt sein, dass das innere Rohr bei gelöster Griffschraube nicht unkontrolliert ein- und ausfahren kann.

4.6 Selbstkontrolle und Testfragen

(Lösungen siehe Seite 112)

1. **Wie sind die Enden einer genormten Brechstange ausgeführt?**

a) Ein Ende dreiseitig spitz zulaufend, das andere Ende flach eingekerbt und abgewinkelt
b) Ein Ende vierseitig spitz zulaufend, das andere Ende flach abgewinkelt und eingekerbt
c) Ein Ende vierseitig flach abgewinkelt, das andere Ende spitz zulaufend und eingekerbt

2. **Welche genormten Werkzeugkästen werden von den Feuerwehren verwendet?**

a) Werkzeugkästen für Metall- und Holzbearbeitung
b) Werkzeugkästen für Stein- und Kunststoffbearbeitung
c) Feuerwehr-Sonderwerkzeugkasten
d) Feuerwehr-Elektrowerkzeugkasten

3. **Welche Personen dürfen die Werkzeuge des Feuerwehr-Elektrowerkzeugkastens verwenden?**

a) Alle Einsatzkräfte der Feuerwehr
b) Alle Führungskräfte der Feuerwehr
c) Nur die Sicherheitsbeauftragten der Feuerwehr
d) Nur Elektrofachkräfte und unterwiesene Feuerwehrangehörige

4. **Welche Aussagen treffen auf einen Einreißhaken gemäß der aktuellen DIN 14851 zu?**

a) Der Stiel besteht aus Holz.
b) Der Stiel besteht aus Aluminium.
c) Der Haken besteht aus Stahl.
d) Der Haken besteht aus Aluminium.

5 Elektrische Geräte

Von den Feuerwehren werden ortsveränderliche elektrische Geräte als Arbeits- oder Beleuchtungsgeräte eingesetzt. Es dürfen nur solche Geräte verwendet werden, die entsprechend den zu erwartenden Einsatzbedingungen ausgelegt sind. Für die Stromversorgung an einer Einsatzstelle sind grundsätzlich nur die Stromerzeuger der Feuerwehr einzusetzen. Sollte in Ausnahmefällen auf Grund der Einsatzsituation eine andere Stromentnahmestelle, zum Beispiel eine ortsfeste Elektroinstallation, genutzt werden, darf der Anschluss nur über eine „Personenschutzeinrichtung für Einsatzkräfte" erfolgen. Diese ist möglichst nah an der Stromentnahmestelle zu verwenden. Die ortsveränderlichen elektrischen Geräte der Feuerwehr sind nach jeder Benutzung einer Sichtprüfung auf äußerlich erkennbare Schäden und Mängel ohne Zuhilfenahme von Prüfmitteln zu unterziehen. Mindestens einmal jährlich sind diese Geräte gemäß DGUV Vorschrift 3 „Elektrische Anlagen und Betriebsmittel" unter Berücksichtigung der DGUV Information 203-049 „Prüfung ortsveränderlicher elektrischer Betriebsmittel" durch eine befähigte Person oder eine Elektrofachkraft zu prüfen.

5.1 Stromerzeuger

Tragbare Stromerzeuger der Feuerwehr werden auf Feuerwehrfahrzeugen mitgeführt und für den netzunabhängigen Betrieb der mitgeführten elektrischen Geräte verwendet. Sie sind für den Anschluss von Geräten mit Nennspannungen von 230 V und 400 V ausgelegt. In den Normen DIN 14685-1, Stromerzeuger mit Nennleistungen größer/gleich 5 kVA, und DIN 14685-2, Stromerzeuger mit Nennleistungen kleiner 5 kVA, sind die jeweiligen Anforderungen an diese Stromerzeuger festgelegt. In den Normen für die jeweiligen Einsatzfahrzeuge finden sich die Angaben zur geforderten Nennleistung der mitzuführenden tragbaren Stromerzeuger. Als Antriebsmaschinen für die Generatoren werden Verbrennungsmotoren verwendet, die auch im Dauerbetrieb bei voller Leistungsabnahme zuverlässig arbeiten müssen. Gestartet werden die Motoren wahlweise durch Seilzugstarter und/oder Elektrostarter. Der Motor und der damit festverbundene Generator sind zusammen mit einem Kraftstofftank und einem Schaltkasten in einem Stahlrohrrahmen mit vier Tragegriffen montiert. Der Kraftstoffbehälter hat ein Volumen für eine Betriebsdauer von mindestens 1,5 Stunden bei Nennlast.

Abbildung 24a und b: Beispiele für genormte tragbare Stromerzeuger der Feuerwehr (Quellen: Gemeinschaft Feuerwehrfachhandel Deutschland – gfd – (links) und Metallwarenfabrik Gemmingen GmbH (rechts))

Zur elektrotechnischen Ausrüstung gehören eine Belastungsanzeige, ein Betriebsstundenzähler, eine Instrumentenbeleuchtung, eine druckwasserdichte Steckdose für 400-V-Drehstrom und drei druckwasserdichte Steckdosen für 230-V-Wechselstrom sowie entsprechende Schutzschalter mit magnetischer und thermischer Auslösung für jede Steckdose.

Die genormten Stromerzeuger der Feuerwehr verfügen zum Schutz vor Berührungsspannungen über eine Schutztrennung mit Potentialausgleich. Diese Schutztrennung besagt, dass keine Leitung aus dem Generator mit dem Gehäuse (Rahmengestell) elektrisch verbunden ist und dass der generatorinterne Stromkreis somit nach außen – vor allem gegen Erde – vollkommen getrennt ist. Ergänzt wird die Schutztrennung durch einen Potentialausgleich, bei dem alle elektrisch leitfähigen Teile des Stromerzeugers und der angeschlossenen Geräte durch einen Potentialausgleichsleiter (Schutzleiter) elektrisch leitend miteinander verbunden sind.

■ Funktion der Schutztrennung mit Potentialausgleich

Berührt eine Einsatzkraft ein unter Spannung stehendes defektes Gerät (**erster Fehler**), wird aufgrund der Schutztrennung der Stromkreis nicht geschlossen und es kann keine gefährliche Berührungsspannung auftreten. Der Betrieb des defekten Gerätes führt somit zu keiner Gefährdung der Einsatzkraft. Außerdem kann der Stromerzeuger mit dem angeschlossenen defekten Gerät weiter betrieben werden – eine Abschaltung durch Sicherungen erfolgt bei diesem Fehler nicht. Wenn ein weiteres angeschlossenes Gerät ebenfalls defekt ist, dazu noch in einem anderen Leiter (**zweiter Fehler**), schließt der Potentialausgleich den Stromkreis zwischen den beiden defekten Geräten und innerhalb einer Einwirkungsdauer von 0,2 Sekunden wird durch den auftretenden Kurzschluss die Sicherung im Stromerzeuger ausgelöst. Wenn zusätzlich der Schutzleiter zwischen zwei defekten Geräten unterbrochen wird und bei jedem Gerät ein anderer Leiter mit dem Gehäuse in Verbindung kommt (**dritter Fehler**), entsteht für die Einsatzkräfte jedoch eine lebensgefährliche Situation, da beide Geräte gegeneinander eine Berührungsspannung von 230 V beziehungsweise 400 V haben.

Voraussetzung für die sichere Funktion der Schutztrennung mit Potentialausgleich ist neben der einwandfreien Funktion der Schutzleiter des Stromerzeugers und der verwendeten Geräte auch eine Begrenzung der an einem Stromerzeuger angeschlossenen Leitungen auf eine Gesamtlänge von 100 m. Diese Begrenzung ist für ein schnelles und sicheres Abschalten der Sicherungen am Stromerzeuger erforderlich.

■ Prüfung der Schutztrennung mit Potentialausgleich

Für den sicheren Betrieb der Stromerzeuger ist die einwandfreie Funktion des Schutzleiters von besonderer Bedeutung. Die Funktion der Schutzleiter ist deshalb entsprechend zu prüfen. Dazu waren an den bisherigen Stromerzeugern der Feuerwehr entsprechende Schutzleiter-Prüfeinrichtungen eingebaut. Über ein mitgeliefertes Prüfkabel erfolgte dann nach jedem Gebrauch und regelmäßig eine Überprüfung der Funktion des Schutzleiters.

Die aktuellen Normen für die Stromerzeuger enthalten jedoch die Streichung der bisher normativ geforderten Schutzleiter-Prüfeinrichtung. Der zuständige Arbeitsausschuss im DIN-Normenausschuss Feuerwehrwesen (FNFW) ist zu dem Schluss gekommen, dass diese Schutzleiter-Prüfeinrichtung nicht dazu geeignet ist, eine qualitative Prüfung vorzunehmen und somit nicht mehr dem aktuellen Stand der Technik entspricht. Eine normgerechte Schutzleiterprüfung wird somit nur noch bei der turnusmäßigen Geräteprüfung der Stromerzeuger vorgenommen.

5.2 Leitungstrommel/Leitungsroller

Zur Stromversorgung der elektrisch betriebenen Geräte der Feuerwehr, wie zum Beispiel Flutlichtstrahler, Tauchpumpen oder Pumpenaggregate für hydraulische Rettungsgeräte, werden elektrische Verbindungsleitungen benötigt, die zwischen dem am Verwendungsort bereitgestellten Gerät und einem Stromerzeuger oder einer anderen Stromquelle ausgelegt werden. Diese Verbindungsleitungen werden auf genormten Leitungstrommeln/Leitungsrollern gewickelt auf Feuerwehrfahrzeugen mitgeführt.

■ Leitungstrommel gemäß DIN 14680

Leitungstrommeln gemäß DIN 14680 „Feuerwehrwesen – Handbetätigte Leitungstrommeln und Leitungsroller – Wechselstrom, Drehstrom und Gleichstrom", werden im Bereich der Feuerwehr zum Beispiel zur Verlängerung elektrischer Leitungen für Wechselstrom mit Nennspannung von 230 V verwendet. Sie sind spritzwassergeschützt ausgeführt.

Diese Leitungstrommeln bestehen aus einem Rahmen aus Stahlblech mit Füßen und einem Tragegriff aus Holz. An dem Rahmen ist seitlich eine feststehende Hilfstrommel angebracht, auf der eine 5 m lange Zuleitung aufgewickelt wird, die mit einem druckwasserdichten Schutzkontaktstecker mit Bajonett-Überwurfring und Schutzkappe ausgerüstet ist. Im Rahmen ist eine drehbare Stahlblechtrommel montiert, zur Aufnahme der 45 m langen Verbindungsleitung, die mit einer druckwasserdichten Schutzkontaktkupplungsdose mit Bajonett-Verschlussdeckel ausgerüstet ist.

Abbildung 25:
Leitungstrommel gemäß DIN 14680, Form A, Nennspannung 230 V (Quelle: Metallwarenfabrik Gemmingen GmbH)

Die elektrische Verbindung von der Hilfstrommel zur drehbaren Trommel erfolgt durch einen innenliegenden Schleifringkörper, an dem die jeweiligen Leitungsenden angeschlossen sind. Eine klappbare Handkurbel dient zum Drehen der Trommel und im eingeklappten Zustand zur Sicherung gegen unbeabsichtigtes Abwickeln der Leitung.

Hinweis: Im Feuerwehrbereich werden Leitungstrommeln gemäß DIN 14680 mehr und mehr durch Leitungsroller gemäß DIN EN 61316 ersetzt. In den Beladelisten der Feuerwehrfahrzeuge sind derzeit nur noch die genormten Leitungsroller aufgeführt.

■ **Leitungsroller gemäß DIN EN 61316**

Leitungsroller gemäß DIN EN 61316 werden hauptsächlich im Industrieeinsatz sowohl in Innenräumen als auch im Freien eingesetzt. Die von den Feuerwehren eingesetzten Ausführungen dieser Leitungsroller haben ein verzinktes oder lackiertes Stahlrohrgestell mit drehbarem Hartgummi-Wickelkörper zur Aufnahme der Verbindungsleitung.

Diese Leitungsroller sind spritzwasserdicht ausgeführt. Als Abgänge sind am Wickelkörper druckwasserdichte Schutzkontaktsteckdosen für Nennspannungen von 230 V und gegebenenfalls auch 400 V angebracht.

für Nennspannung
230 V

für Nennspannung
400 V / 230 V

Abbildung 26a und b: Beispiele für Leitungsroller gemäß DIN EN 61316 (Quelle: Dönges GmbH & Co. KG)

Abweichend von den Anforderungen der DIN EN 61316 sind die von den Feuerwehren eingesetzten Leitungsroller wie folgt bestückt:

- **Leitungsroller 230 V:** Mit einer 50 m langen Verbindungsleitung, mit druckwasserdichtem Schutzkontaktstecker, mit Bajonett-Überwurfring und Schutzkappe, und ausgangsseitig mit drei druckwasserdichten Schutzkontaktsteckdosen, mit Bajonett-Verschlussdeckel.
- **Leitungsroller 230 V/400 V:** Mit einer 50 m langen Verbindungsleitung, mit druckwasserdichtem CEE-Stecker, mit Bajonett-Überwurfring und Schutzkappe, und ausgangsseitig mit drei druckwasserdichten Schutzkontaktsteckdosen, mit Bajonett-Verschlussdeckel.

5.3 Flutlichtstrahler

Zum großflächigen und je nach Aufbauort auch weitgehend blend- und schattenfreien Ausleuchten von Einsatzstellen werden die als Beladung auf Feuerwehrfahrzeugen mitgeführten Flutlichtstrahler eingesetzt. Flutlichtstrahler können auch an ausfahrbaren Lichtmasten von bestimmten Einsatzfahrzeugen oder an Rettungskörben von Drehleitern fest angebracht sein.

Die nicht genormten Flutlichtstrahler bestehen aus einem spritzwassergeschützten Scheinwerfergehäuse aus Aluminium-Druckguss, mit rückseitigem Kabelhalter mit Handgriffen sowie dem vorderseitigen Sicherheitsglas. Im Gehäuse befinden sich ein Reflektor und die stabförmige Halogenlampe. Am Gehäusefuß ist ein Gelenkstück mit einer Aufnahmehülse für genormte Aufsteckzapfen befestigt. Die im Gelenkstück eingedrehte Feststellschraube dient zum Fixieren des Flutlichtstrahlers auf einem Aufsteckzapfen. An der 10 m langen Anschlussleitung ist ein druckwasserdichter Schutzkontaktstecker mit Bajonett-Überwurfring und Schutzkappe angebracht.

Die in den Beladelisten der Feuerwehrfahrzeuge aufgeführten Flutlichtstrahler sind für eine Nennspannung von 230 V und eine Nennleistung von jeweils 1.000 W ausgelegt. Flutlichtstrahler an festangebauten Fahrzeug-Lichtmasten haben eine Nennleistung von 1.000 W oder 1.500 W.

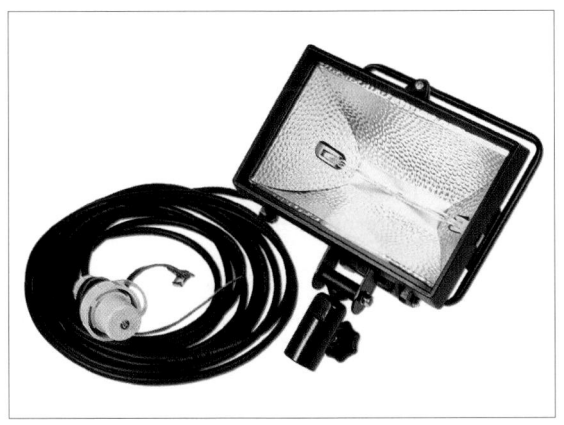

Abbildung 27:
Flutlichtstrahler, Nenn-
spannung 230 V, Leis-
tung 1.000 W (Quelle:
Brandschutztechnik Müller
GmbH)

■ **Beleuchtungseinheit**

Flutlichtstrahler können zum schnellen Auf- und Abbau der Beleuchtung auch in Form einer tragbaren Beleuchtungseinheit, auch Flutlichttrage genannt, verwendet werden, die auf einem Stativ aufgesteckt werden kann. Die Beleuchtungseinheit besteht aus einem Stahlrohrgestell mit zwei Aufsteckzapfen C zur Aufnahme der beiden Flutlichtstrahler.

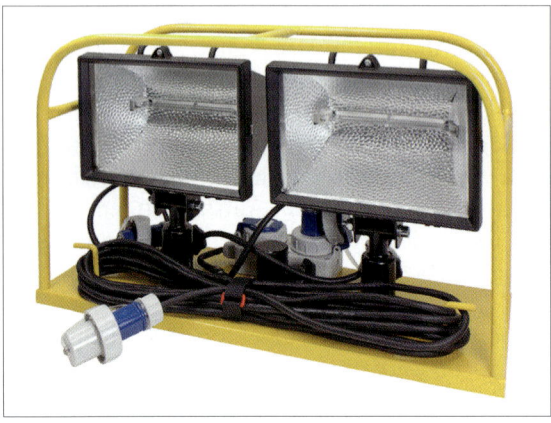

Abbildung 28:
Beleuchtungseinheit mit zwei Flutlichtstrahlern (Quelle: Dönges GmbH & Co. KG)

An der Unterseite der Beleuchtungseinheit befindet sich eine genormte Aufsteckhülse mit Feststellschraube zum Einsatz auf einem Stativ. Zum Anschluss an die Stromversorgung sind zwei Schutzkontaktsteckdosen sowie eine 10 m lange Anschlussleitung mit Zugentlastung, druckwasserdichtem Schutzkontaktstecker mit Bajonett-Überwurfring und Schutzkappe angebracht. Die beiden Flutlichtstrahler sind innerhalb der Beleuchtungseinheit fest verkabelt, aber dreh- und kippbar. Die Beleuchtungseinheit kann im Einsatz auch auf dem Boden stehend verwendet werden.

■ **Beladungssatz Beleuchtung**

Für die Anwendung von Flutlichtstrahlern zur Beleuchtung von Einsatzstellen werden verschiedene Zubehörteile benötigt. Diese werden meist zusammen mit den Flutlichtstrahlern als vollständige Beladungssätze gemäß DIN

14800-18, Beiblatt 3 „Feuerwehrtechnische Ausrüstung für Feuerwehrfahrzeuge – Teil 18: Zusatzbeladungssätze für Löschfahrzeuge; Beiblatt 3: Beladungssatz C, Beleuchtung" auf Einsatzfahrzeugen mitgeführt.

Tabelle 8: Beladungssatz C, Beleuchtung

Anzahl	Benennung
2 Stück	Flutlichtstrahler, Nennspannung 230 V, Leistung 1.000 W
1 Stück	Stativ, auf mindestens 3.500 mm ausziehbar, mit Abspannleinen
1 Stück 1 Stück	Aufnahmebrücke für zwei Flutlichtstrahler oder Beleuchtungseinheit zur Aufnahme der zwei Flutlichtstrahler
1 Stück	Personenschutzeinrichtung für Einsatzkräfte PSE

5.4 Stativ

Teleskop-Dreibeinstative dienen zur Aufnahme von Flutlichtstrahlern. Bei
der Verwendung einer Aufnahmebrücke können zwei Flutlichtstrahler
gleichzeitig eingesetzt werden. Diese ausschiebbaren Stative bestehen aus einem eloxierten Teleskoprohr mit Endanschlag, in das drei weitere Teleskop-
rohre mit Stellring und Flügelschrauben eingeschoben sind. Am oberen Ende
des letzten Teleskoprohres befindet sich ein genormter Aufsteckzapfen zum
Aufstecken eines Flutlichtstrahlers, einer Aufnahmebrücke für zwei Flutlichtstrahler oder einer Beleuchtungseinheit.

Zwischen dem ersten und zweiten Teleskoprohr befindet sich eine Aufnah-
meplatte mit Bohrungen zum Einhängen der Abspannleinen. Die drei Stand-
beine bestehen aus lackierten Stahlrohren, in die zum Ausgleich von Boden-
unebenheiten Einschubrohre aus eloxiertem Stahlrohr mit Fußspitzen
eingeschoben sind. Die Einschubrohre lassen sich einzeln ausziehen und
über Flügelschrauben in unterschiedlichen Höhen fixieren. Das Teleskop-
Dreibeinstativ hat im eingeschobenen Zustand eine Länge von etwa 1,15 m
und lässt sich auf eine Höhe von mindestens 3,50 m ausschieben. Die mitge-
lieferte Verzurreinrichtung besteht aus drei Abspannleinen mit Karabinerha-
ken und Spannringen und drei Erdankern (Heringen).

Abbildung 29:
Teleskop-Dreibeinstativ
(Quelle: Metallwarenfabrik
Gemmingen GmbH)

Hinweis: Die Abspannleinen eines Stativs werden häufig als „Sturmleinen" bezeichnet. Dies kann jedoch zu der Annahme führen, dass das Stativ nur bei entsprechenden Wetterlagen gesichert werden muss. Das ist jedoch grundsätzlich falsch! Vielmehr ist das Stativ immer dann mit den Abspannleinen zu sichern, wenn es vollständig ausgeschoben ist oder wenn eine sonstige Gefahr des Umstürzens besteht.

5.5 Aufnahmebrücke

Aufnahmebrücken dienen zur Befestigung von Flutlichtstrahlern auf einem Stativ. Sie sind oberseitig mit zwei genormten Aufsteckzapfen zum Aufstecken der Flutlichtstrahler und unterseitig mit einer Aufsteckhülse mit Feststellschraube zum Aufstecken auf den Aufsteckzapfen des Stativs ausgerüstet. Der Zapfenabstand beträgt etwa 450 mm.

Abbildung 30:
Aufnahmebrücke für zwei
Flutlichtstrahler (Quelle:
Gemeinschaft Feuerwehr-
fachhandel Deutschland
– gfd –)

5.6 Personenschutzeinrichtung für Einsatzkräfte

Für die Stromversorgung an Einsatzstellen sind grundsätzlich nur die Stromerzeuger der Feuerwehr zu benutzen. Sollen aufgrund einer besonderen Einsatzsituation ausnahmsweise elektrische Geräte, zum Beispiel Tauchpumpen, Wassersauger oder Flutlichtstrahler, an die ortsfeste Elektroinstallation
eines Einsatzobjektes angeschlossen werden, muss gemäß DGUV Vorschrift
49, § 29 „Gefährdung durch elektrischen Strom", eine geeignete Personenschutzeinrichtung zwischen der Steckdose der Elektroinstallation und dem
elektrischen Gerät der Feuerwehr eingesetzt werden.

Hinweis: Dies gilt nicht beim Anschluss von elektrischen Geräten an einen
tragbaren oder fest eingebauten Stromerzeuger der Feuerwehr!

Personenschutzeinrichtungen gemäß DIN SPEC 14666 „Feuerwehrwesen –
Personenschutzeinrichtung 230 V/16 A und 400 V/16 A für Einsatzkräfte",
Ausgabe: Dezember 2015, werden im Bereich der Feuerwehr als ortsveränderliche Schutzeinrichtungen zur Verwendung in fremden ortsfesten Elektro-
installationen eingesetzt. Eine Personenschutzeinrichtung 230 V/16 A besteht grundsätzlich aus einer Leitung mit einem eingebauten Schutzschalter
und ist für einen Bemessungsdifferenzstrom bis 30 mA ausgelegt. Der Schutzschalter kann in der Leitung oder dem Stecker – nicht jedoch in der Kupp-
lung – eingebaut sein. Diese Personenschutzeinrichtung wird wie eine Ver-
längerungsleitung zwischen dem elektrischen Gerät der Feuerwehr und der
Steckdose der fremden ortsfesten Elektroinstallation, möglichst nah an der
Steckdose, eingesetzt.

Tabelle 9: Ausführungen der Personenschutzeinrichtungen 230 V/16 A

Form	Anordnung des Schutzschalters	Leitungslänge
I	im Stecker eingebaut	1.500 mm
II	im Stecker eingebaut, Stecker als Winkelstecker	1.500 mm
III	mittig in die Leitung eingebaut	3.000 mm

Durch die Verwendung einer Personenschutzeinrichtung führen auftretende Fehlerströme aufgrund defekter ortsveränderlicher elektrischer Geräte zur sofortigen Abschaltung durch die Personenschutzeinrichtung. Diese erkennt auch Fehler in der angeschlossenen ortsfesten Elektroinstallation des Einsatzobjektes und lässt sich im erkannten Fehlerfall nicht einschalten. Die intakten Schutzleiterfunktionen werden vor dem Einschalten überprüft und während des Betriebes überwacht.

Der Schutzschalter der Personenschutzeinrichtungen ist dafür mit einer Prüftaste ausgestattet, die mit der Aufschrift „Test" beschriftet ist. Vor jeder Benutzung der Personenschutzeinrichtung ist die Prüfung der sicheren Abschaltung durch Betätigung der Prüftaste durchzuführen. Weiterhin ist zu beachten, dass die Personenschutzeinrichtungen direkt in die Steckdose der ortsfesten Elektroinstallation eingesteckt werden müssen und keine andere elektrische Leitung (Leitungstrommel oder -roller) zwischen der Steckdose der Elektroinstallation und der Personenschutzeinrichtung eingesteckt werden darf. Darüber hinaus ist zu beachten, dass die Personenschutzeinrichtungen bei bestimmten Einsatzlagen nur in den Bereichen eingesetzt werden dürfen, die nicht mit Wasser überflutet werden können.

Hinweis: Sowohl für die Personenschutzeinrichtungen gemäß DIN SPEC 14660 als auch für die bisher von den Feuerwehren verwendeten Personenschutzleitungen gilt, dass vor deren Verwendung unbedingt die Bedienungsanleitungen der Herstellers zu lesen sind. Die dort aufgeführten Sicherheits- und Verwendungshinweise müssen beachtet werden. Die Feuerwehrangehörigen sind hinsichtlich der richtigen Verwendung der Personenschutzeinrichtungen und -leitungen regelmäßig zu unterweisen.

5.7 Mehrfach-Abzweigstück

Mehrfach-Abzweigstücke 230 V dienen zum Abzweigen von bis zu drei Leitungen oder zum Anschluss von bis zu drei elektrischen Geräten. Das Gehäuse ist komplett druckwasserdicht und so weitgehend unempfindlich gegen die Beanspruchungen im Feuerwehrbereich. Mehrfach-Abzweigstücke haben eine etwa 1,5 m lange Anschlussleitung mit einem Schutzkontaktstecker und im Gehäuse drei Schutzkontaktsteckdosen.

Abbildung 31:
Mehrfach-Abzweigstück
(Quelle: Dönges GmbH &
Co. KG)

5.8 Handscheinwerfer und Einsatzleuchte

Handscheinwerfer und Einsatzleuchten werden von den Einsatzkräften verwendet, um netzunabhängig in einem begrenzten Umfeld der Einsatzstelle die für die Erkundung oder das Ausleuchten notwendige Helligkeit zu schaffen. Die Handscheinwerfer und Einsatzleuchten müssen so ausgeführt sein, dass sie eine bestimmte Zulassung für explosionsgefährdete Bereiche haben. Sie sind deshalb mit dem Symbol „Ex" gekennzeichnet.

■ Handscheinwerfer

Handscheinwerfer gemäß DIN 14642 „Handscheinwerfer mit Fahrzeughalterung, explosionsgeschützt", bestehen aus einem Gehäuse mit einer eingebauten wieder aufladbaren Batterie und einem schwenkbaren Oberteil zur Aufnahme des Reflektors mit Leuchtmittel für Haupt- und Nebenlicht.

Durch den im Griffbereich des Tragegriffes angebrachten Schalter, der gegen unbeabsichtigtes Betätigen geschützt ist, lassen sich ein stark gebündelter Lichtstrahl, ein gebündelter Lichtstrahl und ein weit gestreutes, gleichmäßiges Licht schalten. Diese Beleuchtungszustände müssen über eine Nennbetriebsdauer von mindestens zwei Stunden eingehalten werden.

Abbildung 32:
Beispiel für einen explosionsgeschützten Handscheinwerfer (Quelle: Metallwarenfabrik Gemmingen GmbH)

Die Batterie des Handscheinwerfers kann über ein 230-V-Ladegerät, über ein im Scheinwerfer eingebautes Ladegerät oder über eine entsprechende Fahrzeughalterung aus dem Fahrzeug-Bordnetz geladen werden. Die Fahrzeughalterung dient auch dazu, den Handscheinwerfer während der Aufbewahrung im Einsatzfahrzeug mechanisch zu sichern.

■ **Einsatzleuchten**

Die bisher von den Feuerwehren verwendeten Handscheinwerfer genügten nicht in allen Belangen den Anforderungen der Einsatzkräfte. Es bestand vor allem ein Bedarf an einer persönlichen, handlichen Einsatzleuchte. Aus diesem Grund wurde eine Einsatzleuchte gemäß DIN 14649 „Explosionsgeschützte Leuchten für Einsatzkräfte", genormt. Diese Einsatzleuchte ist als Teil der Ausrüstung der Einsatzkräfte vorgesehen, die den Einsatzkräften in besonderen Einsatzlagen mitgegeben wird.

Für die Bauform dieser Einsatzleuchten sind in der Norm entsprechende äußere Maße und eine Masse von maximal 500 g, bei Helmleuchten von maximal 200 g, vorgegeben.

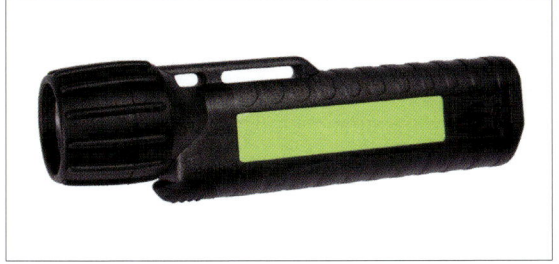

Abbildung 33:
Beispiel für eine explosionsgeschützte Einsatzleuchte (Quelle: Dönges GmbH & Co. KG)

Die Stromversorgung der Einsatzleuchten erfolgt durch handelsübliche Batterien oder Akkus und muss eine Nennbetriebsdauer von mindestens 60 min gewährleisten. Die Einsatzleuchten sind auch mit Feuerwehrhandschuhen zu bedienen, sind gegen unbeabsichtigtes Einschalten geschützt und können im Einsatz gegen unbeabsichtigtes Verlieren gesichert werden.

■ Sonstige Handleuchten

Neben den genormten Handscheinwerfern und Einsatzleuchten werden von den Feuerwehren verschiedene sonstige Handleuchten verwendet. Diese sind zum Beispiel mit Halogen- oder LED-Lampen ausgerüstet und erzeugen als Hauptlicht einen gebündelten Lichtstrahl und als Nebenlicht, zur Ausleuchtung eines Nahbereiches, einen gestreuten Lichtstrahl. Handleuchten mit abgewinkeltem Lampenkopf können mit einem Clip oder einem entsprechenden Holster auch an der Einsatzjacke, an einem Gürtel oder am Schultergurt eines Pressluftatmers befestigt werden.

Hinweis: Handleuchten mit um 90° schwenkbarem Lampenkopf können sowohl als Stableuchte als auch als „Knickkopfleuchte" genutzt werden.

5.9 Tauchpumpen

Tauchpumpen sind tragbare Kreiselpumpen, die mit Elektromotoren angetrieben und in die zu fördernden Flüssigkeiten ein- oder untergetaucht werden. Von den Feuerwehren werden sie meist im Rahmen von Hilfeleistungen, zum Beispiel bei Hochwassereinsätzen, verwendet. Tauchpumpen sind grundsätzlich über Stromerzeuger der Feuerwehr zu betreiben. Wird der Strom zur Versorgung der Tauchpumpe in Ausnahmefällen aus einer ortsfesten Elektroinstallation entnommen, muss eine geeignete Personenschutzeinrichtung zwischen der ortsfesten Steckdose und dem Anschlussstecker der Tauchpumpe verwendet werden.

- **Tragbare Tauchmotorpumpen**

Tragbare Tauchmotorpumpen mit Elektroantrieb gemäß DIN 14425, im Bereich der Feuerwehr meist Tauchpumpen genannt, werden vorwiegend zur Förderung von Wasser im Lenzeinsatz, als Zubringerpumpen für Feuerlöschkreiselpumpen oder zum Auspumpen von Wasser oder Schmutzwasser aus gefluteten Räumen, Kellern oder Baugruben, eingesetzt.

Abbildung 34:
Tragbare Tauchmotorpumpe mit Elektroantrieb (Quelle: Mast Pumpen GmbH)

Hinweis: Als Wasser wird gemäß DIN 14425 auch Schmutzwasser, zum Beispiel mit Verunreinigungen durch Feststoffe oder Öl, verstanden.

Genormte Tauchmotorpumpen sind als einstufige Kreiselpumpen ohne Rückschlagorgan ausgeführt und können im eingetauchten oder untergetauchten Zustand stehend oder liegend betrieben werden. Sie bestehen aus einem druckwasserdichten Pumpengehäuse mit Tragegriff, einer nach oben geführten Festkupplung an der Pumpenausgangsseite und einem auswechselbaren Schutzkorb an der Pumpeneingangsseite. Im Pumpengehäuse befindet sich der Elektromotor mit dem Pumpenlaufrad. Von oben führt eine etwa 20 m lange Anschlussleitung mit druckwasserdichtem Schutzkontaktstecker in das Gehäuse. Auf dem Gehäuse ist ein Pfeil zur Kennzeichnung der Anrückrichtung dauerhaft angebracht.

Tabelle 10: Leistungswerte und Ausstattung der Tauchmotorpumpen

Typ	TP 4/1	TP 8/1	TP 15/1
Nennförderstrom Q_N	400 L/min	800 L/min	1.500 L/min
Nennförderdruck p_N	1 bar	1 bar	1 bar
Anschlussspannung	230 V	400 V	400 V
Aufnahmeleistung	1,8 kW	3,5 kW	5,8 kW
Pumpenausgang	Festkupplung B	Festkupplung B	Festkupplung A

Hinweis: Mit diesen Tauchmotorpumpen dürfen keine brennbaren Flüssigkeiten, Säuren, Laugen oder gefährliche Stoffe gefördert werden. Sie dürfen nicht in explosionsgefährdeten Bereichen betrieben werden.

■ **Kellerentwässerungspumpe**

Neben den genormten Tauchmotorpumpen werden von den Feuerwehren auch einfache selbstansaugende Kellerentwässerungspumpen zum Abpumpen von Wasser oder Schmutzwasser verwendet. Sie können zum Flachabsaugen ebener Oberflächen eingesetzt werden, wobei bereits geringste Flüssigkeitsmengen (Flachabsaugung bis 3 mm) aufgenommen werden können, da die Flüssigkeiten nur seitlich angesaugt werden. Kellerentwässerungspumpen haben eine Anschlussspannung von 230 V, eine etwa 10 m lange Anschlussleitung und einen Förderstrom von etwa 200 L/min bis 330 L/min. Als Schlauchanschluss dient eine Festkupplung D (oder auch C).

Abbildung 35:
Kellerentwässerungs-
pumpe (Abbildung ohne
Festkupplung) (Quelle:
Mast Pumpen GmbH)

■ **Wartung und Prüfung**

Nach dem Einsatz sind die Tauchpumpen mit klarem Wasser zu spülen und einer Sichtprüfung durch den Benutzer auf Anzeichen von Verschleiß oder Beschädigungen zu unterziehen. Mindestens einmal jährlich ist eine Sicht-, Funktions- und Belastungsprüfung durch eine sachkundige Person und/oder eine Elektrofachkraft durchzuführen.

5.10 Selbstkontrolle und Testfragen

(Lösungen siehe Seite 112)

1. **Welche Schutzmaßnahme ist in Stromerzeugern der Feuerwehr geschaltet?**

a) Schutzschalter mit Kontrollleuchte
b) Schutztrennung mit Potentialausgleich
c) Schutzerdung mit Potentialausgleich
d) Schutzerdung mit Erdungsspieß

2. **Welche maximale Länge haben die aufgewickelten Verbindungsleitungen der genormten Leitungsroller?**

a) Die Länge richtet sich nach den Angaben des Bestellers.
b) 35 m
c) 50 m
d) 100 m

3. **Mit welcher Nennspannung werden Flutlichtstrahler betrieben?**

a) 230 V
b) 400 V
c) 1.000 W
d) 1.500 W

4. **Wozu werden Tauchmotorpumpen verwendet?**

a) Zur Förderung von Wasser im Lenzeinsatz
b) Zur Förderung aller dünnflüssigen Medien
c) Zur Förderung von Wasser in explosionsgefährdeten Bereichen
d) Zur Vorbereitung von Taucheinsätzen
e) Als Zubringerpumpen für Feuerlöschkreiselpumpen

6 Geräte zum Ziehen, Heben und Spreizen

Das Ziehen von Gegenständen, das Anheben von Lasten sowie das Auseinanderdrücken oder Spreizen von Bauteilen ist im Rahmen der Hilfeleistungen oft notwendig, um verunfallte Personen zu retten oder Freiraum für andere Einsatztätigkeiten zu schaffen. Der Einsatz der dafür vorgesehenen Geräte erfolgt unter Anwendung der Grundregeln der Mechanik. Die Geräte sind nach jeder Benutzung durch den Benutzer einer Sichtprüfung auf Anzeichen von Verschleiß oder Beschädigung zu unterziehen. Darüber hinaus sind vor allem Zug- und Anschlagmittel, Hebekissensysteme und hydraulische Rettungsgeräte regelmäßig, mindestens einmal jährlich gemäß DGUV Grundsatz 305-002 „Prüfgrundsätze für Ausrüstungen und Geräte der Feuerwehr" durch eine sachkundige Person zu prüfen. Beschädigte Geräte sind dem Gebrauch zu entziehen und zu ersetzen.

6.1 Hebebaum

Hebebäume dienen zum Heben und Bewegen von Lasten bei geringer Hubhöhe. Die Belastbarkeit ist durch ihre Bauart und durch das Prinzip des einfachen Hebels begrenzt. Die erforderliche Kraft am Hebelarm muss von einer Einsatzkraft aufgebracht werden. Der Nachteil der geringen Hubhöhe kann durch Unterbauen des Hebebaums ausgeglichen werden. Hebebäume bestehen aus astfreiem, imprägniertem Hartholz. Die Länge beträgt etwa 3,00 m. An der vorderen Spitze sind Hebebäume oben und unten mit einem Flacheisen, das zu einer Spitze verschweißt ist, verstärkt. Im vorderen Bereich befindet sich ein Tragegriff aus einem Rundeisen.

Abbildung 36: Hebebaum (Quelle: Klaus Thrien, Paderborn)

6.2 Zug- und Anschlagmittel

Zug- und Anschlagmittel dienen zum Bewegen, Sichern und Anschlagen von Lasten. Die richtige Auswahl und Benutzung der Zug- und Anschlagmittel sowie die Beachtung der zulässigen Belastungen sind von besonderer Bedeutung bei der Verwendung, da in vielen Fällen mit erheblichen Lasten gearbeitet wird. Darüber hinaus ist zu beachten, dass Zug- und Anschlagmittel mindestens einmal jährlich durch eine sachkundige Person zu prüfen sind. Diese Prüfung umfasst vor allem die Feststellung von äußeren Beschädigungen, Verformungen, Anrissen oder Abnutzungen.

- **Schäkel**

Schäkel werden zum Verbinden von Zugseilen und Anschlagmitteln oder von Anschlagmitteln untereinander verwendet. Sie bestehen aus einem U-förmigen Bügel aus Stahl mit einem einschraubbaren Bolzen. Schäkel dürfen nur am Bügelbogen und Bolzen belastet werden, eine seitliche Belastung des Bügels ist unzulässig. Schäkel werden hinsichtlich der Form und der Nenngröße unterschieden. Von den Feuerwehren werden zum Beispiel gerade Schäkel gemäß DIN 82101, ähnlich Form C, Nenngröße 3, mit einer erhöhten Beanspruchung bis 100 kN (hochfeste Ausführung) verwendet.

gerade Form

geschweifte Form

Abbildung 37a und b: Beispiele für Schäkel (Quelle: Gemeinschaft Feuerwehrfachhandel Deutschland – gfd –)

■ **Seile**

Die zum Sichern von Lasten, zum Anschlagen von Zugmitteln an Lasten oder als Zugmittel verwendeten Seile werden in Form von Faserseilen aus pflanzlichen oder synthetischen Fasern hergestellt. Sie kommen bei den Feuerwehren eher selten zum Einsatz. So wird nur noch auf dem Rüstwagen RW und dem Gerätewagen Gefahrgut GW-G ein Seil aus Polyamid, mit einem Durchmesser von 9 mm und einer Länge von 100 m, mitgeführt.

■ **Drahtseile**

Drahtseile werden als Zug- oder Anschlagsseile verwendet. Sie bestehen aus dünnen Rundlitzen, die nach unterschiedlichen Verfahren zu einem Drahtseil zusammengedreht werden. Die bei den Feuerwehren gebräuchlichen Drahtseile haben an den Enden Schlaufen oder Kauschen. In der Regel sind die Anschlagseile mit Schlaufen und die Zugseile mit Kauschen ausgestattet. Drahtseile werden von den Feuerwehren wie folgt verwendet:

- als Zugseil für die maschinelle Zugeinrichtung,
- als Zugseil für den Mehrzweckzug oder
- als Abschleppseil.

mit Schlaufen · mit Kauschen

Abbildung 38a und b: Beispiele für Drahtseile (Quelle: Gemeinschaft Feuerwehrfachhandel Deutschland – gfd –)

■ **Textile Anschlagmittel**

Textile Anschlagmittel in Form von Hebebändern und Rundschlingen lösen im Bereich der Feuerwehr mehr und mehr die sonst üblichen Drahtseile ab. Im Vergleich zu Drahtseilen oder Anschlagketten haben sie eine hohe Tragfähigkeit, eine wesentlich leichtere Handhabbarkeit und lassen sich durch ihre gute Anschmiegbarkeit schonender an Lasten anschlagen.

Hinweis: Textile Anschlagmittel sind jedoch wesentlich empfindlicher gegenüber mechanischen Belastungen. Insbesondere scharfe Kanten können schnell zu einer Beschädigung dieser Anschlagmittel führen.

Hebebänder und Rundschlingen werden aus Kunststofffasern hergestellt. Hebebänder sind flachgewebte Gurtbänder, die mit oder ohne Verstärkungen zu einem Anschlagmittel mit festgelegter Tragkraft konfektioniert werden. An den Enden sind Schlaufen oder andere Anschlagmöglichkeiten, zum Beispiel Bügel, Haken oder Karabiner, angebracht.

Rundschlingen gemäß DIN EN 1492-2 „Textile Anschlagmittel – Sicherheit – Teil 2: Rundschlingen aus Chemiefasern für allgemeine Verwendungszwecke" bestehen aus parallel verlaufenden Kunstfaserbündeln, die mit einem gewebten Schlauch ummantelt sind. Die größere Umfangslänge des Schlauches hat zur Folge, dass auch bei besonders stark belasteter Rundschlinge das Schlauchmaterial nicht belastet wird. Die Garnstärke der tragenden Faserbündel ist darüber hinaus wesentlich größer als die des Schlauches, sodass Beschädigungen immer zuerst am Schlauch erkennbar sind.

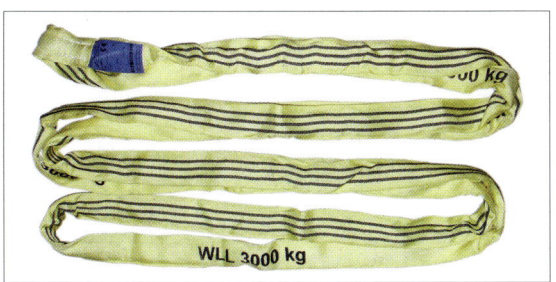

Abbildung 39:
Rundschlinge (Quelle: Gemeinschaft Feuerwehrfachhandel Deutschland – gfd –)

6.3 Mehrzweckzug

Mehrzweckzüge gemäß DIN 14800-5 sind handbetätigte Geräte mit Drahtseilzug, die zum vertikalen und zum horizontalen Heben, Ziehen, Spannen, Sichern und Ablassen von Lasten verwendet werden. Sie bestehen aus einer Zugvorrichtung sowie einem speziellen Zugseil mit Seilhaken. Das Zugseil darf nur für den Mehrzweckzug und nicht als Anschlagseil oder für andere Zwecke verwendet werden. An der Zugvorrichtung befinden sich ein Vorschubhebel mit Überlastsicherung (Scherstift), ein Rückzughebel sowie ein Schaltgriff zum Arretieren und Lösen des Zugseils. Das Zugseil der Mehrzweckzüge ist an einem Ende mit einem Seilhaken und am anderen Ende mit einer Seilspitze versehen. Die Seilspitze dient zum Einführen des Seils in das Mundstück der Zugvorrichtung. Die Zugvorrichtung wird in der Regel mit einer Rundschlinge an einem Festpunkt befestigt, wobei als Festpunkt auch ein Erdanker verwendet werden kann. Die zu bewegende Last wird mit einer Rundschlinge am Seilhaken des Zugseils befestigt.

Abbildung 40:
Mehrzweckzug MZ 16, mit Zubehör (Quelle: Dönges GmbH & Co. KG)

Bei den Feuerwehren kommen Mehrzweckzüge mit einer Zugkraft von 16 kN oder 32 kN zum Einsatz. Auf den Hilfeleistungs-Löschgruppenfahrzeugen HLF 20 wird ein MZ 16 und auf dem Rüstwagen RW ein MZ 32 jeweils als Standardbeladung mitgeführt. Die Mehrzweckzüge und das jeweilige Zubehör werden in Feuerwehrkästen aus Leichtmetall untergebracht. Das dazugehörende Zugseil wird entweder in einem der Feuerwehrkästen oder auf einer Haspel gerollt im Fahrzeug untergebracht.

Tabelle 11: Mehrzweckzüge mit Zubehör

Ausführung		Benennung
MZ 16	**MZ 32**	
1 Stück	1 Stück	Zugvorrichtung
1 Stück	1 Stück	Hebelrohr
2 Stück	2 Stück	Ersatzscherstifte
1 Stück	–	Umlenkrolle, klappbar, einrollig, für eine Zugkraft von 32 kN
–	1 Stück	Umlenkrolle, klappbar, einrollig, für eine Zugkraft von 64 kN
1 Stück	–	Zugseil, Durchmesser 11 mm, Länge 30 m, mit Lasthaken
–	1 Stück	Zugseil, Durchmesser 16 mm, Länge 30 m, mit Lasthaken
1 Stück	1 Stück	Kantenreiter
2 Stück	–	Rundschlinge, Tragfähigkeit: 40 kN, Nutzlänge 2 m
1 Stück	–	Rundschlinge, Tragfähigkeit: 40 kN, Nutzlänge 4 m
–	2 Stück	Rundschlinge, Tragfähigkeit: 80 kN, Nutzlänge 2 m
–	1 Stück	Rundschlinge, Tragfähigkeit: 80 kN, Nutzlänge 4 m
3 Stück	–	Schäkel, Form A, Nenngröße 4
–	3 Stück	Schäkel, geschweifte Form, Tragfähigkeit: 95 kN
1 Stück	–	Erdanker, Größe 1 mit 8 Heringen[1]
–	1 Stück	Erdanker, Größe 2 mit 12 Heringen
1 Stück	1 Stück	Brechstange, Nennlänge 1.500 mm[1]
1 Stück	1 Stück	Kantholz, Ausführung und Maße nach Vereinbarung[1]

[1] Nur auf Wunsch des Bestellers. Art der Lagerung nach Vereinbarung.

6.4 Hebekissensysteme

Hebekissensysteme sind pneumatisch betriebene Rettungsgeräte zum Anheben und Auseinanderdrücken von Lasten. Sie werden eingesetzt, wenn ein großflächiges Ansetzen erforderlich ist und große Hubhöhen erreicht werden müssen. Mit Hebekissen können zum Beispiel schwere Maschinen, eingestürzte Gebäudeteile oder umgestürzte Bäume gehoben oder Bereiche in Gräben abgestützt werden. Hebekissensysteme werden gemäß DIN EN 13731 „Hebekissensysteme für Feuerwehr und Rettungsdienste – Sicherheits- und Leistungsanforderungen" in Systeme mit einem zulässigen Druck bis 1 bar und mit einem zulässigen Druck größer 1 bar unterteilt.

Hebekissen für einen zulässigen Druck bis 1 bar – auch Niederdruckkissen genannt – bestehen aus einem reißfesten neoprenbeschichtetem Kunststoffgewebe. Sie werden in verschiedenen Größen, mit zylindrischer oder quadratischer Form mit oder ohne Seitenwand zwischen Boden- und Auflageplatte angeboten. Diese Hebekissen haben einen großen Hubweg und eine entsprechend große Auflagefläche, aber nur eine geringe Hubkraft. Die erreichbare Hubhöhe liegt je nach Form und Größe zwischen 450 mm und 1.100 mm, die erreichbare Hubkraft zwischen 60 und 240 kN. Die Einschubhöhe beträgt je nach Ausführung etwa 30 mm.

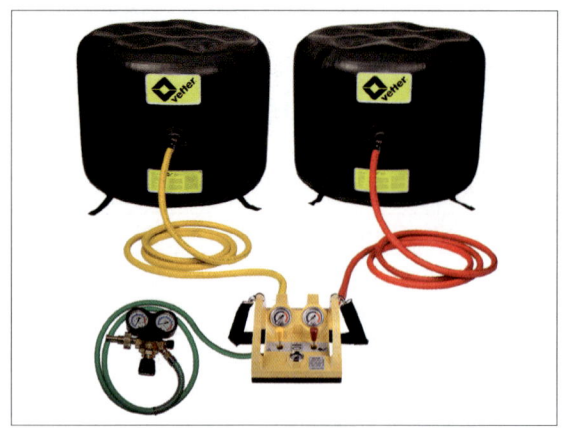

Abbildung 41:
Hebekissensystem, mit zulässigem Druck bis 1 bar (Quelle: Vetter GmbH)

Hebekissen für einen zulässigen Druck größer 1 bar – auch Hochdruckkissen genannt – bestehen aus einem reißfesten neoprenbeschichteten Kunststoffgewebe mit profilierter Oberfläche, das zusätzlich mit einer Stahlgewebe- oder einer hochfesten Kunststoffgewebeeinlage verstärkt ist. Sie werden in verschiedenen Größen, mit rechteckiger oder quadratischer Form angeboten. Diese Hebekissen sind üblicherweise für einen Druck von 8 bar ausgelegt. Sie haben einen geringen Hubweg und eine beim Füllen kleiner werdende Auflagefläche, aber eine große Hubkraft. Die erreichbare Hubhöhe liegt je nach Form und Größe zwischen 100 mm und 520 mm, die erreichbare Hubkraft zwischen 100 und 660 kN. Die Einschubhöhe dieser Hebekissen beträgt je nach Ausführung etwa 25 mm.

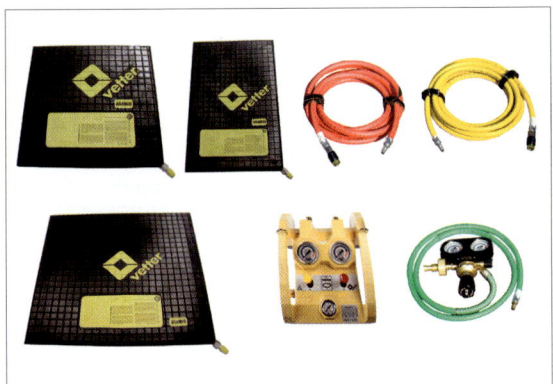

Abbildung 42:
Hebekissensystem, mit zulässigem Druck größer 1 bar (Quelle: Vetter GmbH)

Damit Hebekissen getragen und einsatzgerecht positioniert werden können, sind an den Hebekissen entsprechende Trage- oder Befestigungsschlaufen angebracht. Aus einer mitgeführten Druckluftflasche wird Druckluft über einen Druckminderer und einen Luftschlauch dem Steuerorgan zugeführt. Über dieses Steuerorgan und einen Füllschlauch wird das stufenlose Füllen des Hebekissens mit Druckluft oder das Entleeren der Druckluft aus dem Hebekissen geregelt. Zu beachten ist dabei, dass der jeweilige Füllabschluss der Hebekissen nicht absperrbar ist und kein Rückschlagventil enthält. Zur Vergrößerung der wirksamen Auflagefläche der Hebekissen und zur Verbesserung der Standsicherheit während des Hebevorgangs sollten möglichst immer zwei Hebekissen nebeneinander eingesetzt werden.

Hinweis: Hebekissen für einen zulässigen Druck größer 1 bar (Hochdruckkissen) können auch übereinander eingesetzt werden, wobei darauf zu achten ist, dass ein gegebenenfalls verwendetes kleineres Hebekissen oben liegt und immer das untere Hebekissen zuerst befüllt wird.

Das für den gleichzeitigen Betrieb von maximal zwei Hebekissen notwendige Zubehör wird in der Regel in einem genormten Hebekissen-Zubehörkasten gemäß DIN 14800-11 als feuerwehrtechnische Ausrüstung auf Feuerwehrfahrzeugen mitgeführt, wobei die beiden Hebekissen selbst nicht Bestandteil des Zubehörkastens sind.

Tabelle 12: Inhalt des Hebekissen-Zubehörkastens

System		Benennung
< 1 bar	**> 1 bar**	
1 Stück	–	Druckminderer 1 bar, mit Anschlussschlauch
–	1 Stück	Druckminderer 8 bar, mit Anschlussschlauch
2 Stück	2 Stück	Steuerventil mit Sicherheitsventil und Druckanzeige[1]
2 Stück	2 Stück	Füllschlauch, Länge 10 m, verschiedene Farben[2]
2 Stück	2 Stück	Druckluftbehälter, Inhalt 6 L, Nenndruck 300 bar[3]

[1] oder 1 Stück Doppelsteuerorgan
[2] mit schraubbaren Bajonett-Kupplungen (Niederdruck) oder Sicherheitskupplungen (Hochdruck)
[3] auf Wunsch des Bestellers auch 4 Stück Druckluftbehälter, Inhalt 4 L, Nenndruck 200 bar

Hebekissen sind aufgrund ihres konstruktiven Aufbaus empfindlich gegenüber spitzen Gegenständen, scharfen Kanten und heißen Teilen. Auch deshalb sind sie nach jeder Benutzung einer Sichtprüfung durch den Benutzer zu unterziehen. Mindestens einmal jährlich sind die Hebekissensysteme einer Sicht- und Funktionsprüfung durch eine sachkundige Person gemäß DGUV Grundsatz 305-002 „Prüfgrundsätze für Ausrüstungen und Geräte der Feuerwehr" zu unterziehen. Hebekissen müssen darüber hinaus, wenn Zweifel an der Sicherheit oder Zuverlässigkeit bestehen, mindestens jedoch alle fünf Jahre vom jeweiligen Hersteller untersucht werden.

6.5 Hydraulische Winde

Hydraulische Winden – auch „Büffelwinden" genannt – können zum Anheben, Absenken oder Auseinanderdrücken von Lasten eingesetzt werden. Mit ihnen können zum Beispiel unter Lasten eingeklemmte Personen befreit oder auch Lasten abgestützt werden. Hydraulische Winden sind für Hubkräfte bis 50 kN oder bis 100 kN ausgelegt und können weitgehend lageunabhängig horizontal und vertikal eingesetzt werden.

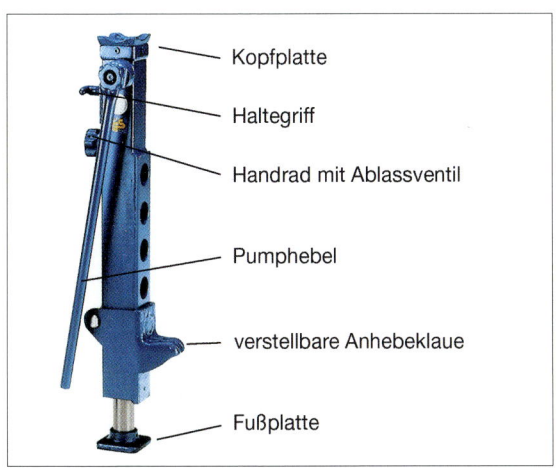

Kopfplatte

Haltegriff

Handrad mit Ablassventil

Pumphebel

verstellbare Anhebeklaue

Fußplatte

Abbildung 43:
Hydraulische Winde
(Quelle: Gemeinschaft Feuerwehrfachhandel Deutschland – gfd –)

Mit hydraulischen Winden können Lasten sowohl mit der Kopfplatte als auch mit der vierfach (B 5) beziehungsweise sechsfach (B 10) höhenverstellbaren Anhebeklaue bewegt werden. Durch Pumpbewegungen mit dem um 360° verstellbaren Pumphebel wird Hydrauliköl in den innenliegenden Hubzylinder gepumpt, sodass dieser die Last anhebt. Eingebaute Druckbegrenzungsventile verhindern eine Überlastung der Winde während des Hubvorganges. Das Absenken der Last erfolgt durch Öffnen des Ablassventils mit dem Handrad. Die Füße der hydraulischen Winden können mit einer flachquadratischen oder balligrunden Fußplatte mit entsprechender Fußlagerplatte (Zubehör) für eine Neigung bis 15° ausgerüstet werden.

Tabelle 13: Technische Daten der hydraulischen Winden

Typ	Hubkraft	Bauhöhe	Hubhöhe
B 5	50 kN	650 mm	280 mm
B 10	100 kN	800 mm	350 mm

6.6 Hebesatz mit einfach wirkenden Hydraulikzylindern

Mit Hebesätzen mit einfach wirkenden Hydraulikzylindern können schwere Lasten angehoben, gedrückt, abgestützt oder geschoben werden. Hebesätze gemäß DIN 14800-6 ermöglichen den gleichzeitigen Betrieb von zwei Hydraulikzylindern mit mindestens 120 kN Hubkraft. Sie werden dann eingesetzt, wenn andere Geräte aufgrund der begrenzten Hubkraft zum Bewegen von Lasten nicht mehr verwendet werden können.

Für die Druckerzeugung in den Hydraulikzylindern werden von Hand betätigte Kolbenpumpen eingesetzt. Der aufgebrachte Druck wird über Schlauchleitungen mit einem zwischengeschalteten Verteilerventil auf einen oder zwei Hydraulikzylinder verteilt. Der Hubvorgang der Zylinder wird über die Regulierventile des Verteilerventils in Verbindung mit der Pumpbewegung der Kolbenpumpe gesteuert. Durch die am Gehäuse und an der Kolbenstange der Hydraulikzylinder anschraubbaren Zubehörteile, zum Beispiel Hubverlängerungen, Fußplatten, Keilstücke oder Anhebeklauen, ergeben sich unterschiedliche Einsatzmöglichkeiten der Hebesätze.

Hinweis: Aufgrund der verschiedenen Kombinationsmöglichkeiten sind bei der Verwendung der Hebesätze die gerätebedingten Einschränkungen gemäß der Bedienungsanleitung des Herstellers unbedingt zu beachten.

Für den Einsatz der Feuerwehren werden hydraulische Hebesätze in den Ausführungen H1 (groß) und H2 (klein) verwendet. Der Inhalt der Hebesätze wird jeweils in genormten Kästen aus Leichtmetall (ein Kasten oder zwei Kästen) untergebracht. Auf dem Rüstwagen RW wird ein „kleiner" Hebesatz H2 als Standardbeladung mitgeführt.

Tabelle 14: Bestandteile der Hebesätze gemäß DIN 14800-6

Typ		Benennung
H1	**H2**	
2 Stück	1 Stück	handbetätigte Hydraulikpumpe, mit Schlauchleitung
2 Stück	2 Stück	Hydraulikzylinder, Hub 150 mm, Bauhöhe 270 mm
2 Stück	–	Hydraulikzylinder, Hub 50 mm, Bauhöhe 160 mm
4 Stück	2 Stück	Teleskopzylinder, Hub 120 mm, Bauhöhe 160 mm[1]
1 Stück	1 Stück	Zweiwege-Verteilerventil, mit Regulierventil(en)
2 Stück	2 Stück	Schlauchleitung, Länge mindestens 5 m
2 Stück	2 Stück	Hubverlängerungen, Länge etwa 200 mm
4 Stück	2 Stück	Fußplatte für Hydraulikzylinder, Auflagefläche etwa 80 cm^2
2 Stück	2 Stück	Keilstück für Hydraulikzylinder
2 Stück	2 Stück	Anhebeklaue für Hydraulikzylinder
1 Stück	1 Stück	Hakenschlüssel
2 Stück	2 Stück	Betriebsanleitung, wetterfest[2]

[1] alternativ zu den vorstehend aufgeführten Hydraulikzylindern
[2] bei Unterbringung des Hebesatzes in einem Feuerwehrkasten ist eine Betriebsanleitung ausreichend

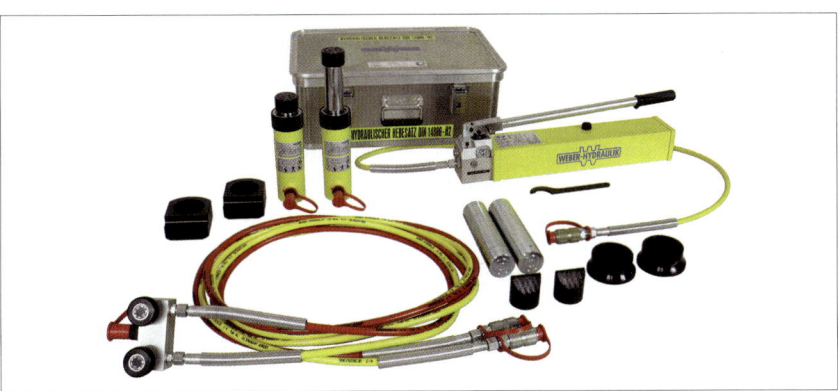

Abbildung 44: Hebesatz H2 (Quelle: WEBER-HYDRAULIK GMBH)

6.7 Hydraulische Rettungsgeräte

Neben anderen Hilfeleistungsgeräten werden bei Verkehrs-, Arbeits- und ähnlichen Unfällen vor allem hydraulische Rettungsgeräte für das Durchtrennen, Spreizen, Ziehen, Heben oder Auseinanderdrücken von Fahrzeug- oder Bauteilen eingesetzt, um zum Beispiel eingeschlossene oder eingeklemmte Personen zu befreien oder einen Zugang für den Rettungsdienst zu schaffen. Hydraulische Rettungsgeräte erlauben dabei einen geräuscharmen, stufenlosen und bei richtiger Anwendung auch feinfühligen Einsatz. Hydraulische Rettungsgeräte gemäß DIN EN 13204 „Doppelt wirkende hydraulische Rettungsgeräte für die Feuerwehr und Rettungsdienste – Sicherheits- und Leistungsanforderungen", das heißt, Spreizer, Schneidgeräte und Rettungszylinder, gehören zur feuerwehrtechnischen Standardbeladung der Rüstwagen und der Hilfeleistungslöschgruppenfahrzeuge.

Hydraulische Rettungsgeräte sind nach jeder Benutzung einer Sichtprüfung auf Anzeichen von Verschleiß oder Beschädigung zu unterziehen. Mindestens einmal jährlich ist eine Sicht- und Funktionsprüfung und alle drei Jahre oder wenn Zweifel an der Sicherheit oder Zuverlässigkeit bestehen, zusätzlich eine Funktions- und Belastungsprüfung durch eine sachkundige Person durchzuführen. Beschädigte Geräte sind dem Gebrauch zu entziehen, gegebenenfalls zu reparieren oder zu ersetzen.

6.7.1 Pumpenaggregate

Zum Erzeugen des notwendigen Arbeitsdruckes der hydraulischen Rettungsgeräte werden entsprechende Pumpenaggregate verwendet. Wesentliche Bestandteile dieser Pumpenaggregate sind der Antrieb mit Elektro- oder Verbrennungsmotor, die Hydraulikpumpe mit dem Hydraulikflüssigkeitsbehälter, die Ventile und die Anschlussstücke für die Hydraulikschläuche, die zusammen in einem stabilen Tragerahmen eingebaut sind. In Bezug auf den Anschluss der anzutreibenden hydraulischen Rettungsgeräte werden Pumpenaggregate zum Antrieb eines einzelnen Rettungsgerätes, zum wahlweisen Antrieb von zwei oder mehreren Rettungsgeräten und zum gleichzeitigen Antrieb von mehreren Rettungsgeräten unterschieden.

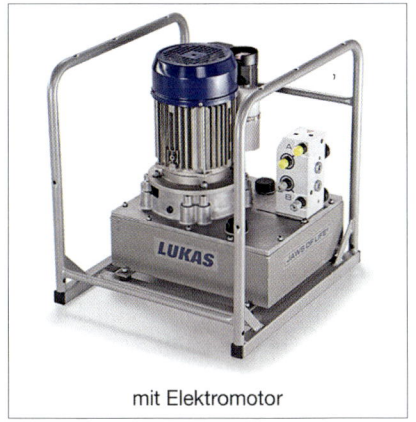

mit Elektromotor

mit Verbrennungsmotor

Abbildung 45a und b: Beispiele für Pumpenaggregate (Quelle: Gemeinschaft Feuerwehrfachhandel Deutschland – gfd –)

Auf dem Rüstwagen und den Hilfeleistungs-Löschgruppenfahrzeugen wird jeweils ein Pumpenaggregat, Typ MTO für den gleichzeitigen Antrieb des mitgeführten Spreizers, des Schneidgerätes und eines Rettungszylinders mitgeführt. Die Menge der Hydraulikflüssigkeit des Pumpenaggregates muss ausreichen, um diese drei Rettungsgeräte gleichzeitig einzusetzen zu können. Die Leistung der Hydraulikpumpe des Pumpenaggregates muss wiederum ausreichen, um diese drei Rettungsgeräte in der vorgegebenen Mindestzeit zu öffnen und zu schließen.

Pumpenaggregate können durch angebaute Schnellangriffshaspeln zu einer Schnellangriffseinheit ergänzt werden. Die Haspeln enthalten zwei Hydraulikschlauchpaare (in unterschiedlichen Farben) mit einer Länge von jeweils mindestens 20 m. An diesen sind in der Regel ein Spreizer und ein Schneidgerät fest angekuppelt, die in entsprechenden Halterungen auf der Schnellangriffseinheit abgelegt sind.

6.7.2 Spreizer

Spreizer gemäß DIN EN 13204 sind hydraulische Rettungsgeräte zum Spreizen, Drücken, Ziehen, Heben und Quetschen von Bauteilen. Sie werden zum Retten eingeschlossener oder eingeklemmter Personen aus verunfallten Fahrzeugen verwendet, zum Beispiel für das gewaltsame Öffnen von Fahrzeugtüren, und zum Auseinanderdrücken, Anheben oder Wegziehen von Fahrzeug- oder Bauteilen. Spreizer bestehen aus einem Gehäuse aus Stahl oder hochfestem Aluminium mit Kopfstück, Haltegriff und Führungsbolzen, zwei Spreizerarmen aus Stahl oder hochfestem Aluminium mit auswechselbaren geriffelten Spitzen, einem Hydraulikzylinder mit Steuerventil und kurzen Anschlussschläuchen mit Schnellkupplung zur Verbindung mit den Hydraulikschläuchen des Pumpenaggregates.

Abbildung 46:
Spreizer (Quelle: LUKAS
Hydraulik GmbH)

Die in Führungsbolzen gelagerten Spreizerarme werden über Zahnsegmente und der zu einer Zahnstange erweiterten Kolbenstange des Hydraulikzylinders oder über ein Hebelsystem aus- und eingeschwenkt. Der im Gehäuse befindliche Hydraulikzylinder ist als doppeltwirkender Zylinder zum Öffnen und Schließen der Spreizerarme ausgebildet. Das Steuerventil mit der Umlaufstellung (Ruhestellung) und der Durchflussstellung (Arbeitsstellung) ermöglicht das Auf- und Zufahren der Spreizerarme. Beim Loslassen des

Bedienhebels des Steuerventils geht dieses in Ruhestellung, das Hydrauliköl läuft um und die Spreizerarme bleiben in der jeweiligen Stellung stehen. Die Schaltungsart wird als „Totmannschaltung" bezeichnet. In den Hydraulikkreislauf sind Rückschlagventile eingebaut. Sie ermöglichen es, dass die Bewegungen des Spreizers nach Loslassen des Bedienhebels sofort stoppen und der Spreizer sowohl in Spreiz- als auch in Schließrichtung den von außen an den Armen wirkenden Kräften standhält.

Tabelle 15: Typen der Spreizer gemäß DIN EN 13204

Typ	Spreizkraft mindestens	Spreizweite mindestens	Zugkraft[1] mindestens	Zugweite[1] mindestens
AS	20 kN	600 mm	12 kN	360 mm
BS	50 kN	800 mm	30 kN	480 mm
CS	80 kN	500 mm	48 kN	300 mm
[1] jeweils mindestens 60 % der Nenn-Spreizkraft bzw. Nennspreizweite				

Spreizer müssen durch den Hersteller klassifiziert und gekennzeichnet werden. Nachfolgend ein Beispiel für einen Spreizer mit einer Mindestspreizkraft von 63 kN, einer Mindestspreizweite von 810 mm und einer Masse von 25 kg. Diese Angaben sind die Nennangaben für den Spreizer.

BS63/810-25

Spreizer können durch Verwendung spezieller Zugketten, die mit Verbindungselementen an den auswechselbaren Spreizerspitzen der geöffneten Spreizerarmen befestigt werden, auch zum Ziehen von Lasten eingesetzt werden, zum Beispiel zum Wegziehen von Lenksäulen an Kraftfahrzeugen. Eine Zugkette wird hierbei an einem Festpunkt, die andere Zugkette an der Last befestigt und die beiden Zugketten durch Einhaken der Kettenglieder an den Verbindungselementen auf die notwendige Kettenlänge gekürzt. Der Zug erfolgt dann durch Schließen der Spreizerarme.

6.7.3 Rettungszylinder

Rettungszylinder gemäß DIN EN 13204 sind hydraulische Rettungsgeräte zum Drücken oder Heben von Lasten. Sie werden vor allem zum gewaltsamen Auseinanderdrücken von Fahrzeug- und Bauteilen eingesetzt, wenn zum Beispiel der Spreizweg eines Spreizers ausgeschöpft ist. Rettungszylinder können auch zum Abstützen von Lasten oder zum Aussteifen in einsturzgefährdeten Bereichen verwendet werden.

Abbildung 47:
Rettungszylinder (Quelle: Gemeinschaft Feuerwehrfachhandel Deutschland – gfd –)

Rettungszylinder bestehen aus einem Gehäuse aus Stahl oder hochfestem Aluminium, einem Hydraulikzylinder mit Steuerventil, den einseitig, beidseitig oder teleskopierbar ausfahrbaren Kolben und aus kurzen Anschlussschläuchen mit Schnellkupplung zur Verbindung mit den Hydraulikschläuchen des Pumpenaggregates. Der im Gehäuse befindliche Hydraulikzylinder ist als doppeltwirkender Zylinder zum Ein- und Ausfahren der Kolben ausgebildet. An beiden Enden der Rettungszylinder sind feste oder abnehmbare Füße mit profilierten Griffflächen angebracht, die durch einen, zwei oder teleskopierbare Kolben auseinandergedrückt werden. Das Steuerventil mit der Umlaufstellung (Ruhestellung) und der Durchflussstellung (Arbeitsstellung) ermöglicht die Steuerung der Kolben. Beim Loslassen des Bedienhebels des Steuerventils geht dieses in Ruhestellung, das Hydrauliköl läuft um, und der Kolben bleibt in der jeweiligen Stellung stehen. Diese Schaltungsart wird als „Totmannschaltung" bezeichnet. Rettungszylinder müssen durch den Hersteller klassifiziert und gekennzeichnet werden. Nachfolgend ein Beispiel für einen Rettungszylinder mit einer Druckkraft von 133 kN, einem Hub von 300 mm und einer Masse von 13 kg.

R133/300-13

Nachfolgend ein Beispiel für einen Teleskop-Rettungszylinder mit zwei teleskopisch ausfahrbaren Kolben, wobei der Hauptkolben eine Druckkraft von 260 kN über einen Hub von 440 mm und der zweite Kolben mit einer Druckkraft von 130 kN über einen Hub von 400 mm ausübt (Gesamthub von 840 mm), mit einer Masse von 21 kg.

TR260/440-130/400-21

Rettungszylinder können, sofern sie entsprechend ausgerüstet sind, durch Verwendung spezieller Zugketten, die mit Verbindungselementen am Rettungszylinder befestigt werden, auch zum Ziehen von Lasten eingesetzt werden. Eine Zugkette wird hierbei an einem Festpunkt, die andere Zugkette an der Last befestigt und die beiden Zugketten durch Einhaken der Kettenglieder an den Verbindungselementen auf die notwendige Kettenlänge gekürzt. Der Zug erfolgt dann durch Einfahren des Rettungszylinders.

Hinweis: Der in den Beladelisten der Feuerwehrfahrzeuge aufgeführte Satz Rettungszylinder besteht aus höchstens drei Rettungszylindern. Die eingefahrene Baulänge des kürzesten Rettungszylinders beträgt dabei maximal 540 mm, die ausgefahrene Baulänge des längsten Rettungszylinders mindestens 1.500 mm, wobei die eingefahrene Baulänge des jeweils größeren Rettungszylinders etwa 10 % kleiner als die ausgefahrene Baulänge des jeweils kleineren Rettungszylinders sein muss.

6.7.4 Kombinationsrettungsgerät

Kombinationsrettungsgeräte gemäß DIN EN 13204 – auch Kombigeräte genannt – sind hydraulische Rettungsgeräte zum Spreizen, Ziehen, Heben, Quetschen und Schneiden. Mit ihnen können diese Einsatzmaßnahmen abwechselnd ausgeführt werden, ohne das Gerät zu wechseln. Kombinationsrettungsgeräte werden vor allem dann verwendet, wenn der schnellen kombinierten Anwendung und dem Raum- und Gewichtsbedarf bei der Unterbringung in einem Feuerwehrfahrzeug Vorrang gegenüber der Leistungsfähigkeit des Rettungsgerätes eingeräumt werden.

Abbildung 48:
Kombinationsrettungs-
gerät (Quelle: LUKAS
Hydraulik GmbH)

Bei einem Kombinationsrettungsgerät handelt es sich im Wesentlichen um einen Spreizer, bei dem die geraden Spreizerarme innenseitig mit gewellten Schneidkanten ausgestattet sind. Der Schneidvorgang erfolgt durch Schließen der Spreizerarme. Sie können durch Verwendung spezieller Zugketten, die mit Verbindungselementen an den Spitzen der geöffneten Spreizerarme befestigt werden, zum Ziehen von Lasten eingesetzt werden.

Bedingt durch die kompakten Abmessungen und das vergleichsweise geringe Gewicht lassen sich die Kombinationsrettungsgeräte leicht handhaben, haben aber im Vergleich zu den sonst üblichen Spreizern und Schneidgeräten eine geringere Leistungsfähigkeit. Sie eignen sich vor allem für die Durchführung von Erstmaßnahmen bei Kraftfahrzeugunfällen.

6.7.5 Rettungsgeräte mit integrierter Energieversorgung

Zu den hydraulischen Rettungsgeräten gehören auch Geräte gemäß DIN 14751-4 „Hydraulisch betätigte Rettungsgeräte für die Feuerwehr – Teil 4: Doppelt wirkende hydraulische Rettungsgeräte mit integrierter Pumpe und/ oder Energiequelle". Diese Rettungsgeräte werden dann verwendet, wenn der mitgeführten Energieversorgung, der schnellen und eigenständigen Anwendung und dem Raum- und Gewichtsbedarf bei der Unterbringung in einem Feuerwehrfahrzeug Vorrang gegenüber der Leistungsfähigkeit des Rettungsgerätes eingeräumt werden.

Abbildung 49:
Beispiel für ein Kombinationsrettungsgerät mit integrierter Pumpe und (Quelle: LUKAS Hydraulik GmbH)

Die Funktionen und Bewegungsabläufe der Rettungsgeräte mit integrierter Pumpe und/oder Energiequelle entsprechen zunächst denen der herkömmlichen Spreizer, Rettungszylinder, Kombinationsrettungsgeräte oder Schneidgeräte. Der erforderliche hydraulische Druck wird jedoch nicht über angeschlossene Schlauchleitungen von einem abgesetzten Pumpenaggregat bereitgestellt, sondern von einer im Rettungsgerät eingebauten Hydraulikpumpe, die von einem wieder aufladbaren Akku angetrieben wird. Im Vergleich zu den herkömmlichen Geräten sind Rettungsgeräte mit integrierter Pumpe und/oder Energiequelle etwas schwerer und größer, die Einsatzdauer ist aufgrund der Akku-Leistung begrenzt. Der Vorteil dieser Rettungsgeräte ist jedoch die sofortige Einsetzbarkeit ohne Verlegen von Hydraulikleitungen und Aufbau einer Stromversorgung und die Bewegungsfreiheit ohne Behinderungen durch Hydraulikleitungen.

6.7.6 Zubehör

Für den Einsatz der hydraulischen Rettungsgeräte werden verschiedene Zubehörteile benötigt. Diese werden meist zusammen mit den Rettungsgeräten als vollständige Beladungssätze auf den Einsatzfahrzeugen mitgeführt. Im Beiblatt 13 der DIN 14800-18 sind die Ausrüstungen für Arbeiten mit einem „Beladungssatz M – Hydraulischer Rettungssatz" aufgelistet.

Tabelle 16: Beladungssatz M – Hydraulischer Rettungssatz

Anzahl	Bezeichnung
1 Stück	Hydraulikaggregat MTO, mit Elektromotor oder Verbrennungsmotor
1 Stück	Schnellangriffshaspel, für Hydraulikaggregat MTO[1]
1 Stück	Spreizer, mindestens Typ BS, oder mit höherer Leistung
1 Stück	Schneidgerät, mindestens Typ BC, oder mit höherer Leistung
1 Satz	Rettungszylinder, mindestens Typ R60, oder mit höherer Leistung
1 Satz	Unterbaumaterial für Fahrzeuge, aus Kunststoff oder Holz
1 Satz	Formhölzer, Keile, Platten, Kanthölzer
1 Stück	Transportkasten für Formhölzer, oben offen
1 Stück	Schwelleraufsatz, für Rettungszylinder
1 Stück	Bereitstellungsplane, zur Ablage von Rettungsgeräten
2 Stück	Material zum Abdecken von Schnittkanten
1 Stück	Verkehrsunfallkasten[2]
1 Stück	Rettungsbrett[1]

[1] nur auf Wunsch des Bestellers
[2] sofern nicht Bestandteil der Standardbeladung des Feuerwehrfahrzeuges

■ **Schwelleraufsatz**

Schwelleraufsätze für Rettungszylinder dienen als ausreichend druckfestes Widerlager und sollen die punktförmige Belastung durch den Rettungszylinder auf eine größere Fläche ableiten und ein Abrutschen des Rettungszylinders beim Auseinanderdrücken von Bauteilen verhindern.

Abbildung 50:
Beispiel für einen Schwelleraufsatz (Quelle: WEBER-HYDRAULIK GMBH)

■ **Material zum Abdecken von Schnittkanten**

Material zum Abdecken von Schnittkanten aus reißfestem Textilgewebe mit Einlagen aus mehrlagigem schnittfestem Polyestervlies kann Einsatzkräfte und betroffene Personen vor scharfen Kanten und spitzen Ecken an verunfallten Kraftfahrzeugen schützen. Mit Klettband zu befestigende Schutztaschen dienen zum Beispiel zum Abdecken abgeschnittener Enden der A- und B-Säulen von Kraftfahrzeugen. Größere Schutzdecken mit eingenähten Magneten dienen zum Abdecken von längeren scharfen Kanten.

Abbildung 51:
Beispiele für Schnittkantenschutz (Quelle: LUKAS Hydraulik GmbH)

■ **Bereitstellungsplane**

Bereitstellungsplanen dienen zur Ablage von Rettungsgeräten und Ausrüstungen im Bereich eines verunfallten Kraftfahrzeuges. Sie haben eine Abmessung von etwa 2.000 mm x 2.500 mm. Die erforderlichen Geräte und Ausrüstungen werden bei der Bereitstellung vor Schmutz geschützt, liegen in greifbarer Entfernung zum Einsatzobjekt und unterstützen so eine geordnete Gliederung des Einsatzbereiches (siehe Abbildung 1).

■ **Unterbaumaterial**

Das Unterbauen von verunfallten Kraftfahrzeugen dient vor allem dem Schutz vor dem Abrutschen von angehobenen Lasten, dem Schutz von betroffenen Personen vor weiteren Verletzungen durch Nachrutschen, vor unkontrollierten Bewegungen oder Erschütterungen. Weiterhin wird durch das Unterbauen auf unebenen oder weichen Untergründen eine Unterlage für anzusetzende Werkzeuge oder hydraulische Rettungsgeräte geschaffen. In den Beladelisten des Rüstwagens und der Hilfeleistungslöschgruppenfahrzeuge ist hierfür ein Satz Formteile zum Unterbauen, aus Holz oder Kunststoff, zum Beispiel fest und treppenförmig oder als Schiebeblock mit mehreren verschiebbaren Brettern, vorgesehen, der ein abgestuftes Unterbauen eines Pkw ermöglicht (siehe Abbildung 63).

■ **Formhölzer**

Formhölzer dienen ebenfalls zum Unterbauen und Sichern von Lasten und ermöglichen durch ihre unterschiedlichen Ausführungen, Abmessungen und Materialien eine dem Einsatzgeschehen angepasste Verwendung. In den Beladelisten des Rüstwagens und der Hilfeleistungslöschgruppenfahrzeuge sind hierfür Transportkästen mit einer bestimmten Anzahl von unterschiedlichen Keilen aus Hartholz, Buchensperrholzplatten und Kanthölzern aus Brettschichtholz vorgesehen (siehe Tabelle 19).

6.8 Selbstkontrolle und Testfragen

(Lösungen siehe Seite 112)

1. Wozu dient ein Hebebaum?

a) Nur zum Anheben von umgestürzten Bäumen.
b) Zum Heben und Bewegen von Lasten bei sehr großer Hubhöhe.
c) Zum Heben und Bewegen von Lasten bei geringer Hubhöhe.
d) Zum Heben und Bewegen von Lasten bei geringer Hubgewichten.

2. Woraus werden Hebebänder und Rundschlingen hergestellt?

a) Aus pflanzlichen Fasern
b) Aus gewebten Stoffgarnen
c) Aus gewebten Kunststofffasern
d) Aus dünnen, biegsamen Rundlitzen

3. Welche Ausrüstungsteile gehören zu einem Mehrzweckzug?

a) Zugfahrzeug
b) Hebelrohr
c) Ersatzscherstifte
d) Ersatzzüge
e) Umlenkrolle
f) Erdankerziehgerät

4. Welche Ausrüstungsteile gehören zu einem Hebesatz?

a) Handbetätigte Hydraulikpumpe
b) Ersatzscherstifte
c) Hydraulikzylinder
d) Hebelrohr
e) Hubverlängerungen
f) Anhebeklauen

5. Wie werden Hebekissensysteme unterteilt?

a) Druck bis 1 bar
b) Druck größer 1 bar
c) Druck bis 25 bar
d) Druck größer 25 bar

6. Welche Hubhöhen können mit einer hydraulischen Winde erreicht werden?

a) 280 oder 350 mm
b) 400 oder 600 mm
c) 0 bis 350 mm

7. Welche Geräte gehören zu den hydraulischen Rettungsgeräten gemäß DIN EN 13204?

a) Spreizer
b) Rettungszylinder
c) Hydraulische Winde
d) Kombinationsrettungsgerät
e) Hebesatz mit Hydraulikzylindern
f) Schneidgerät

8. Wonach werden die Spreizer unterteilt?

a) Nach der Spreizkraft
b) Nach der Spreizweite
c) Nach der Spreizgröße
d) Nach dem Spreizwinkel

9. Wozu werden Rettungszylinder verwendet?

a) Zum Entfernen von Lasten
b) Zum Drücken von Lasten
c) Zum Heben von Lasten
d) Zum Trennen von Lasten

7 Geräte zum Trennen

Im Rahmen von Hilfeleistungen müssen oftmals Bauteile oder Gegenstände, zum Beispiel aus Holz, Stein, Metall, Kunststoff oder vergleichbaren Materialien durchtrennt werden, um die eigentliche Aufgabe der Rettung durchführen zu können. Hierzu verwendet die Feuerwehr neben einfachen von Hand zu betätigenden Geräten auch verschiedene motorbetriebene oder hydraulisch angetriebene Geräte, die entsprechend ihrer jeweiligen Eignung und dem zu trennenden Material einzusetzen sind.

7.1 Kappmesser und Gurtmesser

Kappmesser und Gurtmesser werden zusammengehörend, in entsprechenden Lederhüllen gesteckt, auf Einsatzfahrzeugen mitgeführt. Kappmesser haben eine sichelförmige Klinge mit zwei unterschiedlich geformten Spitzen. Sie werden zum Beispiel für das Aufschneiden und Trennen von Folien, das Durchschneiden von Leinen oder Bindesträngen oder für das Aufschneiden von Verkleidungen in Kraftfahrzeugen verwendet. Gurtmesser haben eine leicht gebogene Klinge, die mit einem Knauf an der Spitze als Schutz vor Stichverletzungen ausgestattet ist. Sie werden zum Beispiel für das Durchschneiden von Sicherheitsgurten eingesetzt.

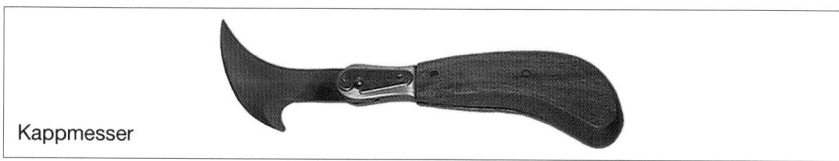

Kappmesser

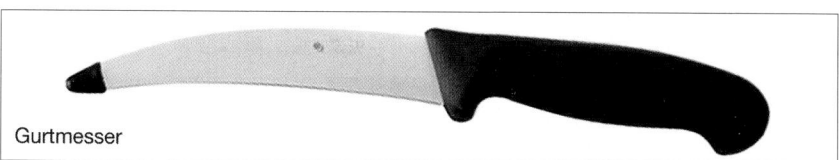

Gurtmesser

Abbildung 52a und b: Kapp- und Gurtmesser (Quelle: Gemeinschaft Feuerwehrfachhandel Deutschland – gfd –)

89

7.2 Äxte und Beile

Äxte und Beile können zum Aufbrechen von Holztüren oder Holzkonstruktionen, zum Kappen von Leinen oder Seilen, zum Spalten, Entasten oder Trennen von Holz oder zum Anspitzen von Pfählen verwendet werden. Sie bestehen aus einem Stiel und einem Keil aus Stahl mit gehärteter, scharfer Schneide. Eine Holzaxt wird üblicherweise mit beiden Händen eingesetzt, ein Holzbeil kann einhändig eingesetzt werden.

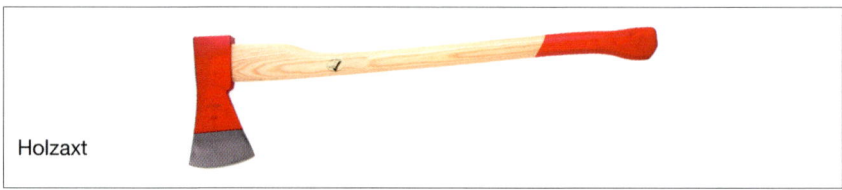

Holzaxt

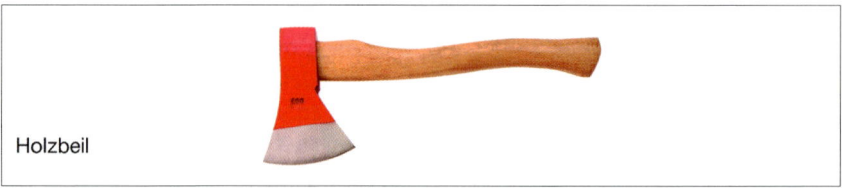

Holzbeil

Abbildung 53a und b: Holzaxt und -beil (Quelle: Gemeinschaft Feuerwehrfach-handel Deutschland – gfd –)

Feuerwehräxte gemäß DIN 14900 sind speziell für den Feuerwehreinsatz ausgeführte Äxte, die zusätzlich zur Spaltschneide mit einer Hebelschneide ausgestattet ist. Die etwa 900 mm langen Stiele bestehen aus Holz oder glasfaserverstärktem Kunststoff. Feuerwehräxte dienen zum Einschlagen und Öffnen von Türen. Durch die besonders stabile Ausführung der Feuerwehraxt können auch dünne Bleche aufgeschlitzt werden. Die Hebelschneide kann zum Beispiel auch für das Einschlagen von Glasscheiben oder zum Anheben von Hydranten- oder Straßendeckeln verwendet werden.

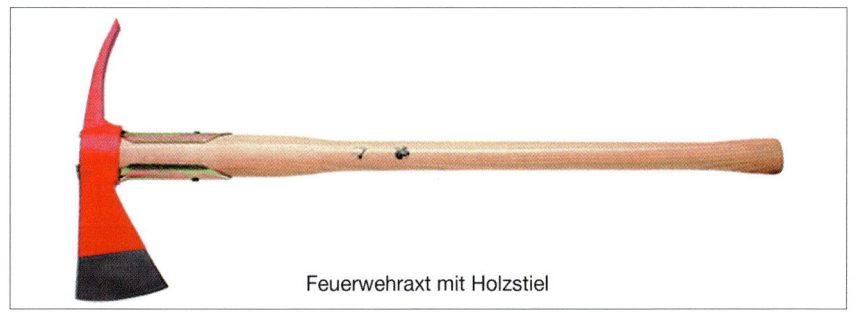

Feuerwehraxt mit Holzstiel

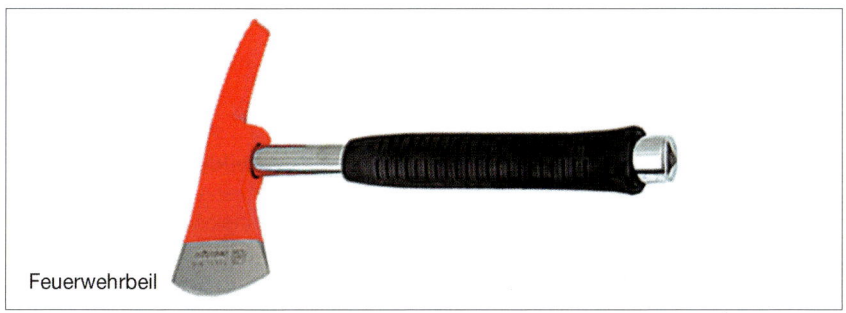

Feuerwehrbeil

Abbildung 54a und b: Feuerwehraxt und -beil (Quelle: Gemeinschaft Feuer-wehrfachhandel Deutschland – gfd –)

Feuerwehrbeile gemäß DIN 14924 können als erweiterte persönliche Schutzausrüstung in einer Schutztasche aus Leder am Feuerwehr-Haltegurt von Einsatzkräften befestigt werden. Sie bestehen aus einem geschmiedeten Beilkörper mit scharf geschliffener Schneide und Hebelschneide, in dem ein Rohrstiel mit einem Handschutz aus schlagfestem Kunststoff befestigt ist. Am Stielende ist ein Dreikanteinsatz aus Stahl eingearbeitet. Die Einsatzmöglichkeiten der Feuerwehrbeile entsprechen denjenigen der Holzbeile oder Feuerwehräxte. Mit der Hebelspitze lassen sich darüber hinaus auch Drehverschlüsse von Brandschutzeinrichtungen und Feuerwehrkästen öffnen. Mit dem Dreikanteinsatz am Stielende können Sperrpfosten oder Fallmäntel von Überflurhydranten entriegelt werden.

7.3 Bolzenschneider

Bolzenschneider können zum spanlosen Trennen von Rundmaterial bis maximal Ø 12 mm, von Metallstäben, Gittern, Drahtzäunen, Ketten oder Bügelschlössern verwendet werden. Sie sind handbetätigte Schneidgeräte mit auswechselbaren Messern. Durch eine geeignete mechanische Übersetzung und entsprechend günstige Hebelverhältnisse können ungehärtete Materialien mit vergleichsweise geringem Kraftaufwand getrennt werden.

Abbildung 55:
Bolzenschneider (Quelle: Gemeinschaft Feuerwehrfachhandel Deutschland – gfd –)

7.4 Tragbare Kettensägen

Tragbare Kettensägen können zum Schneiden von Holzbauteilen, zum Ablängen von Bauhölzern sowie zum Fällen von Bäumen verwendet werden. Von den Feuerwehren werden Kettensägen gemäß DIN EN ISO 11681-1 „Forstmaschinen – Sicherheitstechnische Anforderungen und Prüfung für tragbare Kettensägen – Teil 1: Kettensägen für die Waldarbeit" eingesetzt, in der Regel von einem Verbrennungsmotor angetrieben, mit einer Antriebsleistung von mindestens 4,5 kW und einer Schwertlänge von etwa 400 mm. Diese Kettensägen bestehen im Wesentlichen aus dem Motorteil, den Handgriffen, der Sägevorrichtung und den Sicherheitseinrichtungen. Das Motorteil besteht aus dem Einzylinder-Zweitakt-Motor, dem Seilzugstarter, dem Starthebel, dem Motorstoppschalter und dem Kettenschmieröltank mit Ölpumpe. Über eine Fliehkraftkupplung wird bei einer entsprechenden Motordrehzahl der Kraftschluss zum Kettenantriebsrad hergestellt.

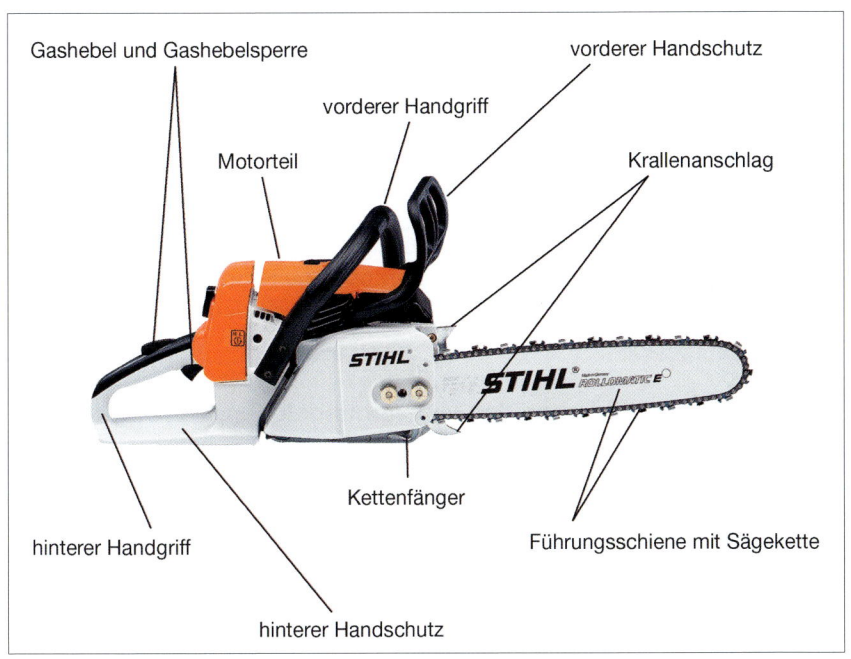

Gashebel und Gashebelsperre

vorderer Handschutz

vorderer Handgriff

Motorteil

Krallenanschlag

Kettenfänger

hinterer Handgriff

Führungsschiene mit Sägekette

hinterer Handschutz

Abbildung 56:　Tragbare Kettensäge (Quelle: © STIHL)

Im hinteren Handgriff sind der Gashebel und die Gashebelsperre zum Fest-setzen des Gashebels in der Startstellung angebracht. Er schützt die Hand des Benutzers vor dem Kontakt mit einer gegebenenfalls während des Be-triebs gebrochenen und zurückschlagenden Sägekette und dient als Fußauf-lage beim Starten der Kettensäge. Der Kettenfänger schützt den Benutzer vor dem Zurückschlagen einer gerissenen Sägekette. Er fängt die Sägekette ab und lenkt sie unter die Motorsäge oder unter den Kettenraddeckel. Der vor-dere Handgriff dient zum Tragen und Halten der Kettensäge. Der vordere Handschutz schützt die Hand des Benutzers vor dem Kontakt mit der Säge-kette. Er ist beidseitig beweglich vor dem Handgriff befestigt. Durch die be-wusste Berührung des Handrückens mit dem Handschutz oder das Zurück-schlagen der Kettensäge wird die Kettenbremse ausgelöst.

Der Krallenanschlag dient zur sicheren Führung der Kettensäge bei Fäll- und Trennschnitten. Die Sägekette wird in der umlaufenden Nut der Führungsschiene geführt. Dazu ist die Sägekette unterseitig mit Treibgliedern versehen, die vom Kettenantriebsrad erfasst und weiterbewegt werden. Zur Verminderung des Verschleißes der Sägekette wird während des Betriebes der Kettensäge Kettenöl in die Nut der Führungsschiene eingeführt.

Beim Transport und bei der Unterbringung der Kettensäge im Einsatzfahrzeug muss ein Kettenschutz aus Kunststoff über die Führungsschiene geschoben werden, um Verletzungen des Benutzers durch den Kontakt mit den scharfen Kettenzähnen zu verhindern.

■ Kettensäge zum Schneiden von Verbundstoffen

Tragbare Kettensägen mit verstellbarem Tiefenanschlag an der Führungsschiene – auch Rettungssägen genannt – können zum Schneiden von Bauteilen aus anderen Werkstoffen, zum Beispiel Wärmedämmungen, Holzverschalungen, mehrschichtigen Dachkonstruktionen mit verklebter Dachpappe, Sandwichplatten (Blech mit angeschäumtem Schaumstoff) und auch Verbund- oder Drahtglas, verwendet werden. Diese Kettensägen werden in der Regel von einem Verbrennungsmotor angetrieben, haben eine Antriebsleistung von mindestens 3,5 kW, eine Schnitttiefe von etwa 350 mm und eine spezielle, mit Hartmetall-Zähnen bestückte Sägekette.

verstellbarer Tiefenanschlag

Abbildung 57:
Tragbare Kettensäge zum Schneiden von Verbundstoffen (Quelle: © STIHL)

■ **Beladungssätze – Kettensägen**

Für den Einsatz der tragbaren Kettensägen werden verschiedene Zubehörteile benötigt. Diese werden meist zusammen mit den Kettensägen als vollständige Beladungssätze auf den Einsatzfahrzeugen mitgeführt. Im Beiblatt 1 der DIN 14800-18 sind die Ausrüstungen des Beladungssatzes A1 „Arbeiten mit der Kettensäge" und des Beladungssatzes A2 „Arbeiten mit der Kettensäge zum Trennen von Verbundwerkstoffen" aufgelistet.

Tabelle 17: Beladungssätze Kettensägen

Beladungssatz		Benennung
A1	A2	
1 Stück	–	tragbare Kettensäge, Schwertlänge etwa 400 mm
–	1 Stück	tragbare Kettensäge, zum Trennen von Verbundwerkstoff
1 Stück	1 Stück	Ersatzkette für Kettensäge
2 Stück	2 Stück	Schutzkleidung für Benutzer von tragbaren Kettensägen
2 Stück	2 Stück	Schutzhelm für Benutzer von tragbaren Kettensägen
2 Stück	–	Fäll- und Spaltkeil, aus Aluminium, Kunststoff oder Holz
1 Stück	1 Stück	Doppelkanister, gefüllt mit 5 L Kraftstoff und 2 L Kettenöl
1 Stück	–	Spalthammer

7.5 Säbelsäge

Säbelsägen werden zum Trennen von Bauteilen mit begrenzten Abmessungen und zum Scheiden von Blechen, Konstruktionsteilen oder Verbundglasscheiben an Kraftfahrzeugen verwendet. Säbelsägen sind elektrisch betriebene Pendelhubsägen mit auswechselbaren Sägeblättern zum Schneiden verschiedener Werkstoffe. Je nach Ausführung und Verzahnung der jeweils verwendeten Sägeblätter lassen sich Metalle, Nichteisenmetalle, Brennhölzer und feuchte Hölzer sowie Konstruktionshölzer, Span- und MDF-Platten, Sperrhölzer oder Kunststoffe schneiden.

Abbildung 58:
Säbelsäge (Quelle: Dönges GmbH & Co. KG)

Säbelsägen haben eine Anschlussspannung von 230 V (oder Akku-Antrieb), eine Nennleistung von 1.000 W und eine 5 m lange Anschlussleitung mit Schutzkontaktstecker. Sie müssen über mehrere Pendelhubstufen, eine elektronische Hubzahlregelung und einen Sägehub von etwa 30 mm verfügen. Zum Zubehör der Säbelsägen gehören die entsprechenden Ersatzsägeblätter, eine dicht am Auge schließende Schutzbrille und eine Personenschutzeinrichtung für Einsatzkräfte.

7.6 Trennschleifmaschinen

Trennschleifmaschinen werden unter Verwendung von entsprechenden Trennschleifscheiben zum Schneiden von Öffnungen oder zum Durchtrennen von Bauteilen aus Metall, Nichteisenmetall, Stein oder Beton verwendet. Der Werkstoff und die Festigkeit der jeweiligen Trennscheiben bestimmen den Einsatzbereich der Trennschleifmaschinen und müssen entsprechend ausgewählt werden. Der Antrieb der Trennschleifmaschinen erfolgt entweder über einen Verbrennungsmotor (ähnlich einer tragbaren Kettensäge) oder einen Elektromotor. Trennschleifmaschinen mit Verbrennungsmotor bestehen aus dem Motorteil, den Handgriffen, dem Trennsatzträger mit Keilriemenantrieb, Trennscheibe und Splitterschutz sowie den Sicherheitseinrichtungen. Der Antrieb der Trennschleifscheibe erfolgt über eine mit Fliehkraftkupplung ausgerüstete Keilriemenscheibe. Die Trennschleifmaschinen mit Elektromotor entsprechen den in der Industrie und dem Handwerk weit verbreiteten und üblichen Trennschleifmaschinen.

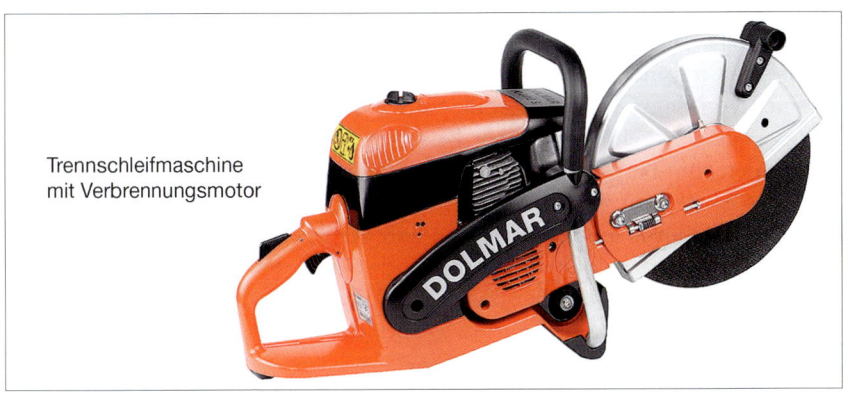

Trennschleifmaschine
mit Verbrennungsmotor

Trennschleifmaschine mit
Elektromotor

Abbildung 59a und b: Ausführungen der Trennschleifmaschinen (Quelle: Gemeinschaft Feuerwehrfachhandel Deutschland – gfd –)

Auf den Hilfeleistungs-Löschgruppenfahrzeugen HLF 10 und HLF 20 wird
je eine Trennschleifmaschine mit Nennspannung 230 V, Nennleistung 1.800
W, für Trennschleifscheiben bis Ø 230 mm mitgeführt, auf den Rüstwagen
RW eine Trennschleifmaschine mit Verbrennungsmotor für Trennschleifscheiben bis Ø 300 mm, Antriebsleistung mindestens 4,5 kW.

Zum Zubehör der Trennschleifmaschinen gehören die entsprechenden Er-
satz-Trennschleifscheiben, eine dicht am Auge schließende Schutzbrille und
– für die Trennschleifmaschinen mit Elektromotor – eine Personenschutzeinrichtung für Einsatzkräfte.

7.7 Schneidgerät

Schneidgeräte gemäß DIN EN 13204 sind hydraulische Rettungsgeräte zum Trennen von Bauteilen aus Metall. Sie werden vor allem zum Retten eingeschlossener oder eingeklemmter Personen aus verunglückten Fahrzeugen verwendet, zum Beispiel für das Durchtrennen von Türpfosten, Dachholmen oder das Abtrennen von hindernden Karosserieteilen. Im Rahmen sonstiger Hilfeleistungseinsätze können Rohre und vergleichbare Profile durchtrennt werden. Dabei ist jedoch zu beachten, dass mit den Schneidgeräten keine gehärteten Bauteile, zum Beispiel Lenksäulen, Achsen, Stabilisatoren oder vergleichbare Bauteile, geschnitten werden dürfen.

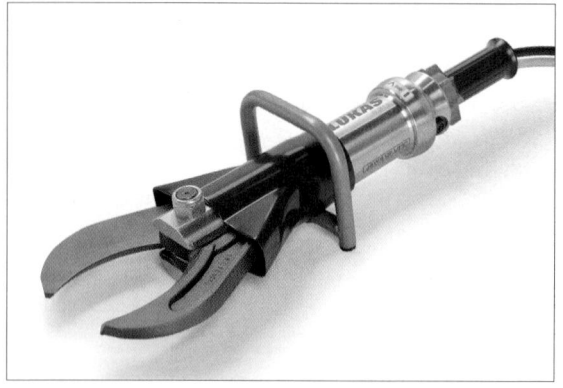

Abbildung 60:
Schneidgerät (Quelle:
LUKAS Hydraulik GmbH)

Schneidgeräte bestehen aus einem Gehäuse aus Stahl oder hochfestem Aluminium mit Kopfstück, einem Haltegriff, zwei sichelförmigen Schneidmessern aus Stahl, einem doppelt wirkenden Hydraulikzylinder mit Steuerventil und aus kurzen Anschlussschläuchen mit Schnellkupplung zur Verbindung mit den Hydraulikschläuchen des Pumpenaggregates. Die in einem Führungsbolzen gelagerten Schneidmesser werden über die Kolbenstange des Hydraulikzylinders und ein Hebelsystem aus- und eingeschwenkt. Die Steuerung des Hydraulikzylinders, und somit das Öffnen und Schließen, erfolgt nach dem gleichen Wirkungsprinzip wie bei einem Spreizer.

Tabelle 18: Typen der Schneidgeräte gemäß DIN EN 13204

Typ	Schneidgerätöffnung mindestens	Schneidfähigkeit	Maultiefe[1] mindestens
AC	< 150 mm	A – H	< 113 mm
BC	150 bis 199 mm	A – H	113 bis 149 mm
CC	≤ 200 mm	A – H	≤ 150 mm
[1] jeweils mindestens 75 % der Nenn-Schneidgeräteöffnung			

Für die Bestimmung der Leistungsfähigkeit müssen die Schneidgeräte entsprechend den Vorgaben der DIN EN 13204 insgesamt 60 Stück Stahlprofil mit bestimmten Abmessungen schneiden können. Das Ergebnis wird durch einen Buchstaben (A bis H) angegeben.

Schneidgeräte müssen durch den Hersteller klassifiziert und gekennzeichnet werden. Nachfolgend ein Beispiel für ein Schneidgerät mit einer Schneidgeräteöffnung von 150 mm, einer Maultiefe von etwa 120 mm, einer Schneidfähigkeit der Kategorie D und einer Masse von 12 kg. Diese Angaben sind die Nennangaben für das Schneidgerät.

BC150D-12

■ **Kompakt-Schneidgerät**

Kompakt-Schneidgeräte – auch Mini-Schneidgeräte oder Pedalschneider genannt – sind hydraulische Schneidgeräte in besonders kleiner und leichter Ausführung. Sie sind speziell für das Durchtrennen von schwerzugänglichen Bauteilen und für Einsatzmaßnahmen unter beengten Platzverhältnissen geeignet, zum Beispiel für das Abtrennen von Sitzlehnen oder das Abtrennen von Pedalen im Fußraum eines verunfallten Kraftfahrzeuges. Der Aufbau der Kompakt-Schneidgeräte ähnelt dem Aufbau der üblicherweise verwendeten Schneidgeräte, in der Regel haben sie jedoch ein feststehendes und ein bewegliches Schneidmesser.

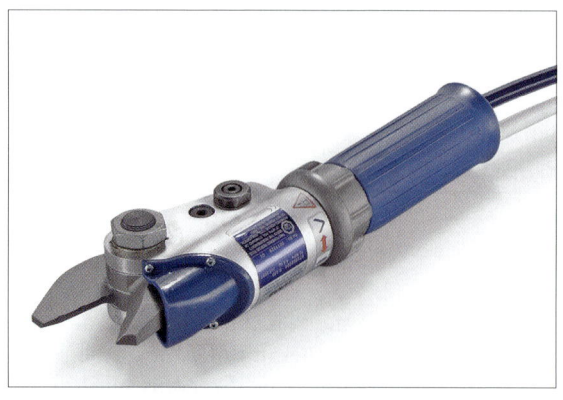

Abbildung 61:
Kompakt-Schneidgerät
(Quelle: LUKAS Hydraulik
GmbH)

7.8 Plasmaschneidgerät

Plasmaschneidgeräte können zum Durchtrennen von leitfähigen metallischen Bauteilen, zum Beispiel aus Stahl, Edelstahl, Aluminium, Kupfer, auch in gehärtetem, beschichtetem oder lackiertem Zustand, eingesetzt werden. Der durch Elektrizität und Druckluft gebildete Plasmastrahl der Plasmaschneidgeräte hat eine sehr hohe Energiedichte und erzeugt am Handbrenner eine sehr hohe Temperatur, wodurch der metallische Werkstoff geschmolzen und aus der Schnittfuge heraus getrieben wird.

Abbildung 62:
Plasmaschneidgerät
(Quelle: Dönges GmbH &
Co. KG)

Dabei erhitzt sich das Material außerhalb des eigentlichen Schnittbereiches nur gering, sodass zum Beispiel nah an betroffenen Personen gearbeitet und das bearbeitete Bauteil sofort nach dem Schneiden auch angefasst und entfernt werden kann. Plasmaschneidgeräte bestehen aus einem Gehäuse mit 15 m langer Anschlussleitung (für Nennspannung 400 V), dem Massekabel mit Anschlussklemme, dem Handbrenner mit 15 m langer Zuleitung, einem Druckminderer für 200/300 bar mit Luftschlauch zum Anschluss einer Druckluftflasche und dem Zubehör, zum Beispiel Schutzbrillen und Schutzhandschuhe. Die von den Feuerwehren verwendeten Geräte sind für eine Schnitttiefe bei Stahl von mindestens 20 mm ausgelegt. Zur Inbetriebnahme muss das Plasmaschneidgerät an eine ausreichend leistungsstarke Stromversorgung (mindestens 8 kVA) angeschlossen werden.

Hinweis: Mit Hilfe von Plasmaschneidgeräten können – im Gegensatz zu hydraulischen Schneidgeräten – auch Bauteile aus besonders hochfestem oder gehärtetem Stahl getrennt werden. Plasmaschneidgeräte ersetzen darüber hinaus die nicht mehr in den Beladelisten der genormten Feuerwehrfahrzeuge aufgeführten Brennschneidgeräte.

7.9 Selbstkontrolle und Testfragen

(Lösungen siehe Seite 112)

1. Welche Merkmale kennzeichnen Kappmesser und Gurtmesser?

a) Das Kappmesser hat eine sichelförmige Klinge.
b) Das Gurtmesser hat eine sichelförmige Klinge.
c) Das Kappmesser hat eine leicht gebogene Klinge.
d) Das Gurtmesser hat eine leicht gebogene Klinge.

2. Was ist der Unterschied zwischen einer Axt und einem Beil?

a) Eine Axt wird üblicherweise mit beiden Händen eingesetzt.
b) Ein Beil wird üblicherweise mit beiden Händen eingesetzt.
c) Eine Axt kann einhändig eingesetzt werden.
d) Ein Beil kann einhändig eingesetzt werden.

3. Was kann mit einem Bolzenschneider durchtrennt werden?

a) Nur runde Bolzen
b) Nur gehärtete Materialien
c) Rundmaterial bis maximal Ø 12 mm
d) Rundmaterial bis maximal Ø 24 mm
e) Gitter und Drahtzäune
f) Ketten und Bügelschlösser

4. Welche Schutzeinrichtungen befinden sich an einer tragbaren Kettensäge?

a) Vorderer Handschutz
b) Motorteil
c) Mittlerer Handschutz
d) Führungsschiene
e) Hinterer Handschutz
f) Kettenfänger

5. Welche Materialien können mit einem Trennschleifer durchtrennt werden?

a) Metall
b) Holz
c) Beton
d) Kunststoff
e) Fensterglas

6. Welche Bauteile dürfen mit einem hydraulischen Schneidgerät geschnitten werden?

a) Bauteile aus Metall
b) Türpfosten und Dachholme von Kraftfahrzeugen
c) Türpfosten und Dachholme von Gebäuden
d) Gehärtete Bauteile

7. Was bedeutet die Nennangabe „BC150D-12" eines Schneidgerätes?

a) Gerätegruppe BC, Maultiefe 150 mm, Schneidfähigkeit Kategorie D, Länge der Hydraulikschlauchleitung 12 m
b) Gerätegröße BC, Schneidgeräteleistung 150 kg, Schneidgeräteöffnung Kategorie D, Masse 12 kg
c) Gerätetyp BC, Schneidgeräteöffnung 150 mm, Schneidfähigkeit Kategorie D, Masse 12 kg

8. Welche Merkmale kennzeichnen ein Plasmaschneidgerät?

a) Die 15 m lange elektrische Anschlussleitung (für Nennspannung 400 V)
b) Das Massekabel mit Anschlussklemme
c) Der Handbrenner mit 15 m langer Zuleitung
d) Luftschlauch mit Druckminderer für 200/300 bar
e) Der Schneidbrenner mit Schneiddüse
f) Die im Tragegestell untergebrachten Druckgasflaschen

8 Geräte zum Abstützen

Im Rahmen von Hilfeleistungseinsätzen müssen oftmals angehobene Lasten gesichert oder einsturzgefährdete Bauteile ausgesteift und abgestützt werden. Hierzu werden unterschiedliche Geräte und Ausrüstungen aus Kunststoff, Holz, Stahl oder Leichtmetall verwendet. Aber auch Hebekissensysteme, hydraulische Hebesätze und Winden oder hydraulische Rettungszylinder sind für derartige Einsatzmaßnahmen einsetzbar.

8.1 Abstützen von Hebevorgängen

Im Einsatzverlauf bewegte Lasten müssen während des Anhebens – und des späteren Absenkens – durch Unterbauen gegen Abrutschen und Ausweichen gesichert werden. Das Unterbauen ist mit geeignetem Unterbaumaterial durchzuführen. Hierzu gehören zum Beispiel

- Kanthölzer und Formhölzer aus Nadel- oder Brettschichtholz,
- Holzplatten und Holzkeile auch Buchensperrholz oder Nadelholz,
- Kunststoffplatten und -keile aus Polystyrol und/oder
- abgestufte Formteile oder Schiebeblöcke zum Unterbauen eines Pkw.

Formhölzer

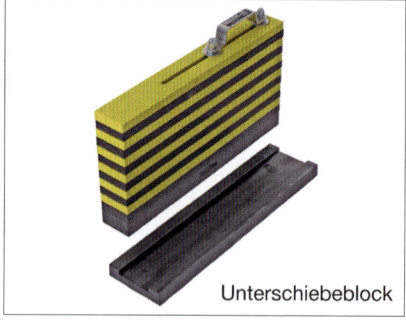
Unterschiebeblock

Abbildung 63a und b: Beispiele für Unterbaumaterial (Quellen: Gemeinschaft Feuerwehrfachhandel Deutschland – gfd – (links) und WEBER-HYDRAULIK GMBH (rechts))

Nachfolgend wird die Zusammenstellung der Formhölzer beschrieben, die als Standardbeladung auf Hilfeleistungslöschgruppenfahrzeugen mitgeführt werden beziehungsweise Bestandteile der Beladungssätze „M – Hydraulischer Rettungssatz" und „N – Hebekissensystem" sind.

Tabelle 19: Formhölzer (Quelle Abbildungen: Gemeinschaft Feuerwehrfachhandel Deutschland – gfd –)

Anzahl	Benennung	Abbildung
6 Stück	Keil • etwa 75 mm × 95 mm × 350 mm • aus Hartholz • sägerau	
2 Stück	Keil • etwa 35 mm × 95 mm × 350 mm • aus Hartholz • sägerau	
2 Stück	Platte • etwa 50 mm × 200 mm × 350 mm • aus Buchensperrholz • wasserfest verleimt • Kanten mit einer 3 mm Fase	
4 Stück	Kantholz • etwa 120 mm × 88 mm × 500 mm • aus Brettschichtholz (Weichholz) • wasserfest verleimt • Kanten mit einer 3 mm Fase • mit Trageschlaufe aus Polyester	

Hinsichtlich der Materialauswahl des Unterbaumaterials ist zu beachten, dass sich weiche Hölzer für die Anwendung auf harten festen Untergründen und direkt am zu hebenden Objekt eignen, da sich diese in der Oberfläche der Hölzer „festbeißen" und so einem Verrutschen entgegen wirken. Der Nachteil der weichen Hölzer ist die vergleichsweise geringe Druckfestigkeit.

Harte Hölzer oder schichtverleimte Sperrhölzer haben eine vergleichsweise hohe Druckfestigkeit und sind somit zur Aufnahme größerer Lasten geeignet. Ein mögliches Verrutschen der Hölzer aufgrund der harten Oberfläche ist bei der Verwendung zu berücksichtigen. Kunststoffformteile werden in verschiedenen Formvarianten angeboten, Sie haben ein vergleichbar geringes Gewicht und sind in der Regel zur Aufnahme größerer Lasten geeignet. Sofern ihre Oberfläche nicht entsprechend profiliert und gestaltet ist, ist ein mögliches Verrutschen der Kunststoffformteile zu berücksichtigen.

8.2 Abstützen bei Einsturzgefahren

Zum Abstützen von einsturzgefährdeten Gebäudeteilen oder zum Aussteifen von Gräben können stufenlos verstellbare Stützen oder Streben aus Stahlrohr eingesetzt werden, die Bestandteil der Beladung von Rüstwagen sind. Stehen diese nicht zur Verfügung, können auch Rundholzstützen oder Kanthölzer mit geeigneten Querschnitten verwendet werden, die auf entsprechende Länge zu schneiden sind. Zur sicheren Verwendung der Stützen, Streben, Rund- oder Kanthölzer sind zusätzlich kurze Kanthölzer, Bretter oder Bohlen zur Lastverteilung und Nägel, Hartholzkeile, kurze Bretter oder Bauklammern zum Sichern gegen Verdrehen, Verrutschen oder Umfallen notwendig.

Hinweis: Die erforderliche Anzahl der einzusetzenden Stützen ist von deren Tragfähigkeit, der zu stützenden Last sowie der abzustützenden Höhe beziehungsweise Breite abhängig.

■ Kanalstrebe

Kanalstreben werden üblicherweise für Sicherungsmaßnahmen im Bereich geböschter und verbauter Baugruben und Gräben, die von Hand oder maschinell ausgehoben wurden, verwendet. Sie bestehen aus einer Stahlrohrspindel mit einem gegen Verschmutzung und Beschädigung unempfindlichen Gewinde, einem Gewinderohr und Krallenplatten an den jeweiligen Enden. Die von den Feuerwehren verwendeten Ausführungen können bis zu 25 kN belastet werden, haben eine Länge zwischen 0,60 m und 1,40 m.

Abbildung 64:
Kanalstrebe (Quelle: Gemeinschaft Feuerwehrfachhandel Deutschland – gfd –)

■ **Windenstütze**

Windenstützen bestehen aus ineinander verschiebbaren verzinkten Vierkantrohren mit Befestigungsplatten an den jeweiligen Enden sowie einem Spann- und Sicherungsmechanismus. Das Innenrohr kann durch Lösen der selbstarretierenden Spannvorrichtung stufenlos aus- und eingeschoben werden. Windenstützen können bis zu 55 kN belastet werden, haben in verschiedenen Ausführungen eine Länge zwischen 0,60 m und 3,10 m.

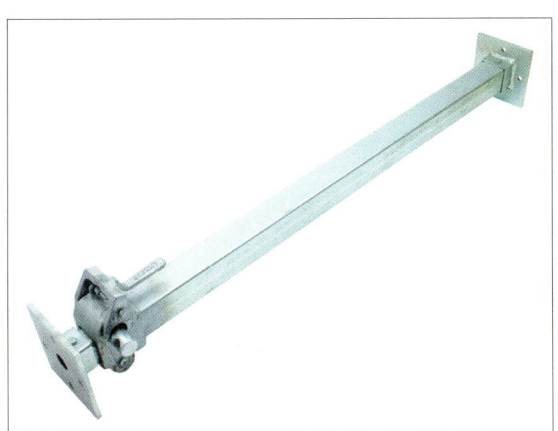

Abbildung 65:
Windenstütze (Quelle: Gemeinschaft Feuerwehrhandel Deutschland – gfd –)

8.3 Selbstkontrolle und Testfragen

(Lösungen siehe Seite 112)

1. **Welche Geräte können zum Abstützen von Lasten bei Hebevorgängen verwendet werden?**

a) Kunststoffplatten und -keile aus Polystyrol
b) Holzplatten und Holzkeile auch Buchensperrholz oder Nadelholz
c) Hebebäume und Brechstangen
d) Kanthölzer und Formhölzer aus Nadel- oder Brettschichtholz

2. **Welche Geräte können zum Abstützen von Lasten bei Einsturzgefahren verwendet werden?**

a) Stufenlos verstellbare Windenstützen
b) Kanthölzer
c) Stufenlos verstellbare Kanalstreben
d) In Stufen verstellbare Hebekissen

3. **Welche Merkmale kennzeichnen eine Windenstütze?**

a) Die ineinander verschiebbaren verzinkten Vierkantrohre
b) Der Spann- und Sicherungsmechanismus
c) Die Belastbarkeit bis 125 kN
d) Die Belastbarkeit bis 55 kN
e) Die Ausführungen in Längen zwischen 0,6 m bis 3,1 m.

4. **Welche Merkmale kennzeichnen eine Kanalstrebe?**

a) Die Stahlrohrspindel und das Gewinderohr
b) Die Belastbarkeit bis 25 kN
c) Die Belastbarkeit bis 55 kN
d) Die Ausführungen in Längen zwischen 0,6 m bis 1,4 m

9 Verwendete Abkürzungen

A   Schlauch- und Armaturengröße, Innendurchmesser 110 mm

A   Ampere, Einheit für die elektrische Stromstärke

B   Schlauch- und Armaturengröße, Innendurchmesser 75 mm

bar   allgemein angewandte Einheit für den Druck

C   Schlauch- und Armaturengröße, Innendurchmesser 42 mm oder 52 mm

CEE   Standard der Internationalen Kommission für Regeln zur Begutachtung elektrotechnischer Erzeugnisse

D   Schlauch- und Armaturengröße, Innendurchmesser 25 mm

db(A)   Dezibel, Einheit für den (A-bewerteten) Schallleistungspegel

DGUV   Deutsche Gesetzliche Unfallversicherung

DIN   Normenwerk des Deutschen Instituts für Normung

DIN EN   in das deutsche Normenwerk aufgenommene europäische Norm

DIN EN ISO   in das deutsche und europäische Normenwerk aufgenommene internationale Norm

DIN SPEC   nach den Verfahrensregeln einer Vornorm erstellte Norm

Hz   Hertz, Einheit für die Frequenz

kN   Kilonewton, Einheit für die Kraft

kVA   Kilovoltampere, Einheit für die elektrische Scheinleistung

kW   Kilowatt, Einheit für die Leistung

LED   Leuchtdiode (light emitting diode)

PE   Kurzzeichen für den Kunststoff Polyethylen

PH   Kreuzschlitzschraubenkopf, Ausführung Phillips

PU   Kurzzeichen für den Kunststoff Polyurethan

PVC   Kurzzeichen für den Kunststoff Polyvinylchlorid

10 Literatur- und Quellenverzeichnis

DGUV Vorschrift 49 „Feuerwehren" (bisher GUV-V C53), aktualisierte Ausgabe 2005, Deutsche Gesetzliche Unfallversicherung e.v. (DGUV), Berlin

DGUV Grundsatz 305-002 „Prüfgrundsätze für Ausrüstung und Geräte der Feuerwehr" (bisher GUV-G 9102), Ausgabe September 2013, Deutsche Gesetzliche Unfallversicherung e.v. (DGUV), Berlin

Feuerwehr-Dienstvorschrift FwDV 1 „Grundtätigkeiten Lösch- und Hilfeleistungseinsatz", Ausgabe: März 2007, Deutscher Gemeindeverlag W. Kohlhammer GmbH, Stuttgart

DIN Normen, Bezug bei der Beuth Verlag GmbH, Burggrafenstraße 6, 10787 Berlin

DUBIG, M.: Handbuch Feuerwehr „Technische Hilfe", Ausgabe 1998, Wenzel Verlag, Marburg

HAMILTON, W.: „Handbuch für den Feuerwehrmann", 21. Auflage 2012, Richard Boorberg Verlag, Stuttgart

RODENBERG, E.: Technische Hilfeleistung Grundtätigkeiten, Ausgabe 1997, Richard Boorberg Verlag, Stuttgart

UNGERER M., ZOLLNER, CHR.: Technische Hilfeleistung – Praxiswissen, Ausgabe 2002, Verlag Technik, Berlin

Lernunterlagen verschiedener Landesfeuerwehrschulen

„Sicher im Einsatz – Persönliche Schutzausrüstung: Beispiele aus der Feuerwehr-Praxis", Ausgabe Oktober 2008, Unfallkasse Nordrhein-Westfalen, Düsseldorf

Lösungen

Lösungen zu Kapitel 2.9: 1. a), c); 2. a), b); 3. a), d); 4. a), c)

Lösungen zu Kapitel 3.7: 1. a), b), e); 2. b); 3. a) bis d); 4. b), c);

Lösungen zu Kapitel 4.6: 1. b); 2. a), d); 3. d); 4. b), c)

Lösungen zu Kapitel 5.10: 1. b); 2. c); 3. a); 4. a), e)

Lösungen zu Kapitel 6.8: 1. c); 2. c); 3. b), c), e); 4. a), c), e), f); 5. a), b); 6. a); 7. a), b), d), f); 8. a), b); 9. b), c)

Lösungen zu Kapitel 7.9: 1. a), d); 2. a), d); 3. c), e), f); 4. a), e), f); 5. a), c); 6. a), b); 7. c); 8. a) bis d)

Lösungen zu Kapitel 8.3: 1. a), b), d); 2 a) bis c); 3. a), b), d), e); 4. a), b), d)